高职高专"十三五"规划教材

辽宁省能源装备智能制造高水平特色专业群建设成果系列教材

王 辉 主编

单片机技术与应用

高天哲 直 敏 孙 卓 主编
尤建祥 王 晗 丛榆坤 关百军 副主编

化学工业出版社

·北京·

内容简介

本书以 8051 系列单片机应用为目的，以项目为载体，以 Keil C51 为编程调试软件，介绍了用 C 语言编写单片机程序的方法，主要包括七个项目，涵盖了单片机的基本知识、C 语言基础、LED 灯的程序设计、数码管的程序设计、串行口通信原理、交通灯控制系统的程序设计、LCD 液晶显示器系统的程序设计等内容。本书内容与行业、职业岗位需要的知识、技能密切结合，意在培养学生良好的实践动手能力和分析解决问题能力。本书可作为高职高专院校工科类专业教材使用，也可供相关技术人员参考阅读。

图书在版编目（CIP）数据

单片机技术与应用/高天哲，直敏，孙卓主编. —北京：化学工业出版社，2021.8
高职高专"十三五"规划教材　辽宁省能源装备智能制造高水平特色专业群建设成果系列教材
ISBN 978-7-122-39205-3

Ⅰ.①单…　Ⅱ.①高…②直…③孙…　Ⅲ.①单片微型计算机-高等职业教育-教材　Ⅳ.①TP368.1

中国版本图书馆 CIP 数据核字（2021）第 096640 号

责任编辑：丁文璇　　　　　　　　　文字编辑：师明远
责任校对：李雨晴　　　　　　　　　装帧设计：张　辉

出版发行：化学工业出版社（北京市东城区青年湖南街 13 号　邮政编码 100011）
印　　装：北京虎彩文化传播有限公司
787mm×1092mm　1/16　印张 11¾　字数 300 千字　2021 年 9 月北京第 1 版第 1 次印刷

购书咨询：010-64518888　　　　　　　售后服务：010-64518899
网　　址：http://www.cip.com.cn
凡购买本书，如有缺损质量问题，本社销售中心负责调换。

定　价：45.00 元　　　　　　　　　　　　　　　　　　　　　版权所有　违者必究

辽宁省能源装备智能制造高水平特色专业群建设成果系列教材编写人员

主　编：王　辉
副主编：段艳超　孙　伟　尤建祥
编　委：孙宏伟　李树波　魏孔鹏　张洪雷
　　　　张　慧　黄清学　张忠哲　高　建
　　　　李正任　陈　军　李金良　刘　馥

前言

"单片机应用技术"是高等职业院校机电类、自动化类、电子信息类专业学生乃至工科非计算机专业学生必须学习的一门专业课。

本书紧跟职业教育的教学改革潮流,突出行业性、实用性、科学性和操作性,采用企业真实业务,贴近职业岗位实际需求,在拉近单片机教学与职业岗位需求距离的同时,兼顾知识的系统性和完整性。

本书以 C 语言编写单片机应用程序,利用 C 语言编程功能灵活,程序的可读性、可移植性较强的优点,整合 C 语言和单片机两个部分的教学内容。本书依据"任务驱动、做中学"的编写思路,以完成实际项目中的各项任务为编写模式。每个项目均由若干个具体的典型任务组成,每个任务又将相关知识和职业岗位基本技能结合在一起,把知识、技能的学习融入任务过程中。突出了教学内容的实践性、实用性,注重对学生技术应用能力的培养,体现了"教、学、做一体化"的教学模式。

本书共分七个项目,由盘锦职业技术学院高天哲、直敏和孙卓担任主编,盘锦职业技术学院尤建祥、盘锦高级技工学校王晗、盘锦职业技术学院丛榆坤、沈阳机床(集团)有限责任公司设计研究院关百军担任副主编,盘锦职业技术学院陈金阳、王敏参编。

由于编者水平有限,书中难免会有不妥之处,敬请广大读者和专家批评指正。

编 者
2021 年 8 月

目录

项目一 单片机的认识

任务1.1 单片机综述 ··· 001
 1.1.1 单片机的概念 ·· 001
 1.1.2 单片机的发展历史 ·· 002
 1.1.3 单片机的特点及应用 ··· 002
 1.1.4 单片机的发展趋势 ·· 004

任务1.2 单片机的学前准备 ··· 006
 1.2.1 数制转换 ··· 006
 1.2.2 二进制的逻辑运算 ··· 009

任务1.3 单片机的开发软件环境搭建 ·· 011
 1.3.1 编程软件Keil的安装步骤 ·· 011
 1.3.2 编程软件Keil的使用步骤 ·· 014
 1.3.3 下载器的使用步骤 ··· 021

项目二 C语言基础

任务2.1 C语言基础知识介绍 ··· 025
 2.1.1 利用C语言开发单片机的优点 ··· 025
 2.1.2 C51中的数据类型 ·· 026
 2.1.3 C51数据类型扩充定义 ·· 028
 2.1.4 C51中常用的头文件 ··· 028
 2.1.5 C51中的运算符和表达式 ··· 029

- 2.1.6 C51 中的基础语句 ·········· 032

任务 2.2 选择语句 ·········· 034
- 2.2.1 if 语句 ·········· 034
- 2.2.2 if else 语句 ·········· 035
- 2.2.3 else if 语句 ·········· 036
- 2.2.4 if 语句嵌套 ·········· 037
- 2.2.5 switch 多分支语句 ·········· 038

任务 2.3 循环语句 ·········· 040
- 2.3.1 for 语句 ·········· 040
- 2.3.2 while 语句 ·········· 042
- 2.3.3 do while 循环语句 ·········· 043

任务 2.4 数组 ·········· 048
- 2.4.1 一维数组 ·········· 048
- 2.4.2 二维数组 ·········· 051
- 2.4.3 字符数组 ·········· 054

任务 2.5 函数 ·········· 059
- 2.5.1 函数的概念 ·········· 059
- 2.5.2 函数的分类 ·········· 060
- 2.5.3 函数的定义 ·········· 060
- 2.5.4 函数的调用 ·········· 062
- 2.5.5 函数的声明 ·········· 063
- 2.5.6 函数的返回值 ·········· 064

任务 2.6 指针 ·········· 066
- 2.6.1 指针与指针变量 ·········· 066
- 2.6.2 指针变量的运算 ·········· 069
- 2.6.3 指针与数组 ·········· 070
- 2.6.4 指针与函数 ·········· 074
- 2.6.5 指针与字符串 ·········· 079
- 2.6.6 指针数组与命令行参数 ·········· 084
- 2.6.7 C51 中指针的使用 ·········· 087

项目三 LED 灯的程序设计

任务 3.1 点亮 LED 灯的程序设计 ·········· 092

3.1.1	单片机的结构组成	092
3.1.2	单片机的最小系统	096
任务 3.2	流水灯的程序设计	103

项目四 数码管的程序设计

任务 4.1	数码管静态显示	108
4.1.1	数码管结构及工作原理	108
4.1.2	数码器的字形编码	109
4.1.3	锁存器	110
任务 4.2	数码管动态显示	113
4.2.1	中断的产生背景	113
4.2.2	定时器中断的应用	114
4.2.3	中断的优先级	117
4.2.4	动态显示的基本原理	118
4.2.5	数码管显示消隐	119

项目五 串行口通信原理

任务 5.1	串行数据转换为并行数据	124
5.1.1	并行通信和串行通信	124
5.1.2	单工通信和双工通信	125
5.1.3	同步通信和异步通信	126
5.1.4	串行接口的电气标准	127
5.1.5	串行接口的物理标准	131
5.1.6	多机通信	131

项目六 交通灯控制系统的程序设计

任务 6.1	交通灯控制系统的程序设计	136
任务 6.2	复杂交通灯控制系统的程序设计	141
6.2.1	定时器/计数器	141
6.2.2	定时器/计数器的寄存器	143
6.2.3	定时器/计数器的工作方式	144
6.2.4	定时器/计数器的应用	146

项目七　LCD 液晶显示系统的程序设计

任务 7.1　LCD 广告牌的程序设计 ·············· 157
　7.1.1　液晶显示器的原理及特点 ·············· 157
　7.1.2　LCD 1602 液晶显示模块和引脚功能 ·············· 158
　7.1.3　LCD 1602 液晶显示器的编程应用 ·············· 164

附录

附录 A　C51 关键字 ·············· 175
附录 B　ASCII 码表 ·············· 176

参考文献

项目一　单片机的认识

【项目描述】

单片机（single chip microcomputer）已经深入人们生产生活的各个领域中，如军事领域中导弹的导航装置，航空领域中各种仪表的控制，工业自动化领域中对过程的实时控制和数据处理，日常生活中各种智能 IC 卡、家用电器等。在此，有必要了解单片机的发展历程，掌握学习单片机所需要的基础知识，为后续的学习奠定基础。

【项目目标】

① 了解单片机的概念、发展史、特点及应用；
② 掌握二进制、十进制和十六进制；
③ 掌握 Keil 编程软件的使用方法；
④ 培养安全意识、质量意识和规范操作等职业素养。

任务 1.1　单片机综述

【任务描述】

近年来，随着对处理器综合性能的要求越来越高，单片机得到了前所未有的发展，其应用需求也越来越细化，认识单片机系统是非常必要的。

【相关知识】

1.1.1　单片机的概念

单片机就是在一片半导体硅片上，集成了中央处理单元（CPU）、存储器（RAM、ROM）、并行 I/O、串行 I/O、定时器/计数器、中断系统、系统时钟电路及系统总线的用于测控领域的单片微型计算机。

由于单片机在使用时，通常处于测控系统的核心地位并嵌入其中，所以国际上通常把单片机称为嵌入式微控制器（embedded microcontroller unit，EMCU）或微控制器（microcontroller unit，MCU）。在我国，大部分工程技术人员则习惯于使用"单片机"这一名称。

单片机的问世，是计算机技术发展史上的一个里程碑，它标志着计算机正式形成了通用计算机和嵌入式计算机两大分支。单片机芯片体积小、成本低，可广泛地嵌入工业控制单元、机器人、智能仪器仪表、武器系统、家用电器、办公自动化设备、金融电子系统、汽车电子系统、玩具、个人信息终端以及通信产品等中。

单片机按照其用途可分为通用型和专用型两大类。通用型单片机内部可开发的资源（如存储器、I/O等各种片内的外围功能部件等）可全部提供给用户，用户可根据实际需要，以通用单片机芯片为核心，再配以外围接口电路及其他外围设备（简称外设），并编写相应的程序来进行控制，以满足各种不同测控系统的功能需求。本书所介绍的单片机是指通用型单片机。

专用型单片机是专门针对某些产品的特定用途而制作的，例如各种家用电器中的控制器等。由于是用于特定用途，单片机芯片制造商常与产品厂家合作，设计和生产"专用"的单片机芯片。在设计中，对"专用"单片机的系统结构最简化、可靠性和成本的最佳化等方面都做了全面综合考虑，所以"专用"单片机具有十分明显的综合优势。但是，无论"专用"单片机在用途上有多么"专"，其基本结构和工作原理都是以通用单片机为基础的。

1.1.2 单片机的发展历史

单片机的发展历史可大致分为四个阶段。

第一阶段（1974年～1976年）：单片机初级阶段。因工艺限制，单片机采用双片的形式，而且功能比较简单。1974年12月，仙童公司推出了8位的F8单片机，实际上只包括了8位CPU、64B RAM和2个并行口。

第二阶段（1976年～1978年）：低性能单片机阶段。1976年Intel公司推出的MCS-48单片机（8位），极大地促进了单片机的变革和发展，1977年GI公司推出了PIC1650，但这个阶段的单片机仍然处于低性能阶段。

第三阶段（1978年～1983年）：高性能单片机阶段。高性能单片机使应用跃上了一个新的台阶。这个阶段推出的单片机普遍带有串行I/O口、多级中断系统、16位定时器/计数器，片内ROM、RAM容量加大，且寻址范围可达64KB，有的片内还带有A/D转换器。由于这类单片机性价比高，所以得到了广泛应用，典型代表产品为Intel公司的MCS-51系列，Motorola公司的6801单片机。此后，各公司的与MCS-51系列兼容的8位单片机得到迅速发展，新机型不断涌现。

第四阶段（1983年至今）：8位单片机巩固发展及16位、32位单片机推出阶段。20世纪90年代是单片机制造业大发展时期，这个时期的Motorola、Intel、Microchip、Atmel、德州仪器（TI）、三菱、日立、飞利浦、LG等公司也开发了一大批性能优越的单片机，极大地推动了单片机的推广与应用。近年来，又有不少新型的高集成度的单片机涌现出来，出现了单片机产品百花齐放、丰富多彩的局面。目前，除了8位单片机得到广泛应用之外，16位、32位单片机也得到广大用户的青睐。

1.1.3 单片机的特点及应用

单片机是集成电路技术与微型计算机技术高速发展的产物。单片机体积小、价格低、应用方便、稳定可靠，因此，单片机的发展普及给工业自动化等领域带来了一场重大革命和技术进步。单片机很容易嵌入系统之中，便于实现各种方式的检测或控制，这是一般微型计算机根本做不到的。单片机只要在其外部适当增加一些必要的外围扩展电路，就可以灵活地构成各种应用系统，如工业自动控制系统、自动检测监视系统、数据采集系统等。

1.1.3.1 单片机的特点

① 简单方便,易于掌握和普及。由于单片机技术是较为容易掌握和普及的技术,单片机应用系统设计、组装、调试已经是较容易的事情,广大工程技术人员通过学习可很快地掌握。

② 功能齐全,应用可靠,抗干扰能力强。

③ 发展迅速,前景广阔。在短短几十年的时间里,单片机就经历了4位机、8位机、16位机、32位机等几大发展阶段。尤其是形式多样、集成度高、功能日臻完善的单片机不断问世,更使单片机在工业控制及自动化领域获得长足发展和大量应用。近几年,单片机内部结构越加完美,配套的片内的外围功能部件越来越完善,一片芯片就是一个应用系统,为应用系统向更高层次和更大规模的发展奠定了坚实基础。

④ 嵌入容易,用途广泛。单片机体积小、性价比高、灵活性强等特点在嵌入式微控制系统中具有十分重要的地位。在单片机问世前,人们要想制作一套测控系统,往往采用大量的模拟电路、数字电路、分立元件来完成,系统体积庞大,且因为线路复杂,连接点太多,极易出现故障。单片机问世后,电路组成和控制方式都发生了很大变化。在单片机应用系统中,各种测控功能的实现绝大部分都已经由单片机的程序来完成,其他电子线路则由片内的外围功能部件来替代。

1.1.3.2 单片机的应用

单片机具有软硬件结合、体积小,很容易地嵌入到各种应用系统中的优点。因此,以单片机为核心的嵌入式控制系统在下述各个领域中得到了广泛的应用。

(1) 工业控制与检测

在工业领域,单片机的主要应用有:工业过程控制、智能控制、设备控制、数据采集和传输、测试、测量、监控等。在工业自动化的领域中,机电一体化技术将愈来愈重要,在这种集机械、微电子和计算机技术为一体的综合技术(如机器人技术)中,单片机发挥着非常重要的作用。

(2) 智能仪器仪表

目前对仪器仪表的自动化和智能化要求越来越高。在智能仪器仪表中使用单片机,有助于提高仪器仪表的精度和准确度,简化结构、减小体积,从而易于携带和使用,并加速仪器仪表向数字化、智能化、多功能化方向发展。

(3) 家用电器

单片机在家用电器中的应用已经非常普及,例如洗衣机、电冰箱、微波炉、空调、电风扇、电视机、加湿机、消毒柜等设备中嵌入了单片机后,其功能与性能大大提高,并实现了智能化、最优化控制。

(4) 网络与通信

在调制解调器、手机、传真机、程控电话交换机、信息网络等通信设备中,单片机已经得到了广泛应用。

(5) 武器装备

在现代化武器装备中,如飞机、军舰、坦克、导弹、鱼雷、智能武器装备、制导系统等,都有单片机的嵌入。

(6) 各种终端及计算机外部设备

计算机网络终端设备(如银行终端)以及计算机外部设备(如打印机、硬盘驱动器、绘图机、传真机、复印机等）中都使用了单片机作为控制器。

（7）汽车电子设备

单片机已经广泛地应用在各种汽车电子设备中，如汽车安全系统、汽车信息系统、智能自动驾驶系统、卫星汽车导航系统、汽车紧急请求服务系统、汽车防撞监控系统、汽车自动诊断系统以及汽车黑匣子等。

（8）分布式多机系统

在比较复杂的多节点测控系统中，常采用分布式多机系统。多机系统一般由若干功能各异的单片机组成，各自完成特定的任务，它们通过串行通信相互联系、协调工作。在这种系统中，单片机往往作为一台终端机，安装在系统的某些节点上，对现场信息进行实时测量和控制。

综上所述，从工业自动化、自动控制、智能仪器仪表、消费类电子产品等方面，到国防尖端技术领域，单片机都发挥着十分重要的作用。

1.1.4 单片机的发展趋势

单片机发展趋势是向大容量、高性能、外围电路内装化等方面发展。为满足不同用户要求，各公司竞相推出能满足不同需求的产品。

（1）CPU 的改进

① 增加数据总线的宽度。例如，16 位单片机和 32 位单片机，其数据处理能力要优于 8 位单片机。另外，内部采用 16 位数据总线的 8 位单片机，其数据处理能力明显优于一般 8 位单片机。

② 采用双 CPU 结构，以提高数据处理能力。

（2）存储器的发展

① 片内程序存储器普遍采用闪存，可不用外扩展程序存储器，从而简化系统结构。

② 加大存储容量，目前有的单片机片内程序存储器容量可达 128kB 甚至更多。

（3）片内 I/O 的改进

增加并行口驱动能力，以减少外部驱动芯片。有的单片机可直接输出大电流和高电压，以便能直接驱动 LED 和 VFD（荧光显示器）。有些单片机设置了一些特殊的串行 I/O 功能，为构成分布式、网络化系统提供了方便条件。

（4）低功耗化

CMOS 化，功耗小，配置有等待状态、睡眠状态、关闭状态等工作方式，消耗电流仅在 μA 或 nA 量级，适于电池供电的便携式、手持式仪器仪表及其他消费类电子产品。

（5）外围电路内装化

众多外围电路全部装入片内，即系统的单片化是目前发展趋势之一。例如美国 Cygnal 公司的 C8051F020 8 位单片机，内部采用流水线结构，大部分指令的完成时间为 1 或 2 个时钟周期，峰值处理能力为 25MIPS；片上集成有 8 通道 A/D、两路 D/A、两路电压比较器，内置温度传感器、定时器、可编程数字交叉开关和 64 个通用 I/O 口、电源监测。

（6）编程及仿真的简单化

目前大多数单片机都支持程序的在线编程，也称在系统编程（in system program，ISP），只需一条 ISP 并口下载线，就可把仿真调试通过的程序从 PC 写入单片机的 Flash 存储器内，省去编程器。某些机型还支持在线应用编程（IAP），可在线升级或销毁单片机应用程序，省去了仿真器。

(7) 实时操作系统的使用

单片机可配置实时操作系统 RTX51。RTX51 是一个针对 8051 单片机的多任务内核，从本质上简化了对实时事件反应速度要求较高的复杂应用系统设计、编程和调试，已完全集成到 C51 编译器中，使用简单方便。

综上所述，单片机正在向多功能、高性能、高速率（时钟达 40MHz）、低电压（2.7V 即可工作）、低功耗、低价格（几元钱）、外围电路内装化以及片内程序存储器和数据存储器容量不断增大的方向发展。

记一记

【知识训练】

1. 单项选择题

（1）单片机又称为（　　）。
　　A. 微控制器　　　　B. 计算机　　　　C. 电脑　　　　D. 单片机芯片

（2）51 单片机的 CPU 主要由（　　）组成。
　　A. 运算器、控制器　　　　　　　　B. 加法器、寄存器
　　C. 运算器、加法器　　　　　　　　D. 运算器、译码器

（3）MCS-51 单片机的核心器件是（　　）。
　　A. 输出端口　　　B. 保存的数据　　　C. 定时器　　　D. CPU

2. 多项选择题

（1）生活中的哪些电器包括单片机，（　　）
　　A. 电子闹钟　　　B. 电饭煲　　　C. 洗衣机　　　D. 平板电脑

（2）单片机的特点有（　　）。
　　A. 高度集成、体积小、高可靠性　　B. 控制功能强
　　C. 易扩展　　　　　　　　　　　　D. 优异的性价比

（3）下列属于单片机通用的特点有（　　）。
　　A. 小巧灵活，成本低，易产品化　　B. 集成度高，可靠性高，适应温度范围宽
　　C. 面向控制，易扩展　　　　　　　D. 可方便地实现多机和分布式控制系统

3. 判断题

（1）我的手机没有包含单片机。（　　）

(2) 单片机程序指令、常数及表格等固化在 ROM 中不易破坏，许多信号通道均在一个芯片内，故可靠性高。（   ）

(3) 51 系列单片机是 8 位单片机。（   ）

4. 简答题

什么是单片机？它有哪些特点？

任务 1.2　单片机的学前准备

【任务描述】

在学习单片机之前，应该了解需要掌握的理论知识，建立必要的知识体系框架，这样有利于后期的学习。

【相关知识】

所谓数制，就是多位数码中每一位的构成方法以及从低位向高位的进位规则。换个表述就是按进位原则进行计数称为进位计数制，简称"数制"。在日常生活中普遍使用十进制，即逢十进一，这是由人们的使用习惯决定的。其实在生活中还有许多不同的进位制度，如时间的表示方法是六十进制，即一小时等于六十分钟，一分钟等于六十秒等，还有常用的表示数量的单位"一打"是十二进制等。在计算机中，常用的数制有二进制、十进制和十六进制。

1.2.1　数制转换

(1) 二进制

二进制数由 0 和 1 两个数字来表示，基数为 2，按逢 2 进 1、借 1 算 2 的规则计数。例如：1011，10110，11100，1011，101。

在数字电路中，数字信号具有二值性，即"0"和"1"，称为低电平和高电平，因此数字电路采用的是二进制的运算方式。"0"或"1"是计算机中数据的最小单位，生活中开关的通与断、指示灯的亮与灭、电动机的启与停都可以用它来描述和控制。二进制运算规则简单，便于物理实现，但书写冗长，不便于人们阅读和记忆。

8 个二进制的位构成一个字节。有些计算机存取的最小单位只能是字节 (B)。1 个字节可以表示 2^8（即 256）个不同的值（0~255）。字节中的位号从右至左依次为 0~7，第 0 位称为最低有效位 (LSB)，第 7 位称为最高有效位 (MSB)，如图 1-1 所示。

当数据值大于 255 时，就要采用字 (2B) 或双字 (4B) 表示。字可以表示 2^{16}（即 65536）个不同的值（0~65535），这时 MSB 为第 15 位，如图 1-2 所示。

图 1-1　字节位号　　　　图 1-2　字位号

(2) 十进制

十进制数由 0、1、2、3、4、5、6、7、8、9 十个数字表示，基数为 10，按逢 10 进 1、借 1 算 10 的规则计数。例如 128，23，47，335。

(3) 十六进制

十六进制数由 0、1、2、3、4、5、6、7、8、9、A、B、C、D、E、F 十六个数字和字母表示，基数为 16，按逢 16 进 1、借 1 算 16 的规则计数。在 C 语言中表示十六进制数时，大小写字母的含义相同，例如 FF12，AE37，7FB。

十六进制是人们在计算机指令代码和数据的书写中经常使用的数制，由于 4 位二进制数可以方便地用 1 位十六进制数表示，所以人们对二进制的代码或数据常用十六进制形式缩写。

为了区分数的不同数制，可在数的结尾以一个字母标识。十进制（decimal）数书写时结尾用字母 D 或不带字母，二进制（binary）数书写时结尾用字母 B，十六进制（hexadecimal）数书写时结尾用 H。

部分自然数的三种进制数转换如表 1-1 所示。

表 1-1　三种进制数转换

自然数	十进制	二进制	十六进制	自然数	十进制	二进制	十六进制
〇	0	0000B	0H	九	9	1001B	9H
一	1	0001B	1H	十	10	1010B	AH
二	2	0010B	2H	十一	11	1011B	BH
三	3	0011B	3H	十二	12	1100B	CH
四	4	0100B	4H	十三	13	1101B	DH
五	5	0101B	5H	十四	14	1110B	EH
六	6	0110B	6H	十五	15	1111B	FH
七	7	0111B	7H	十六	16	10000B	10H
八	8	1000B	8H	十七	17	10001B	11H

(4) 数的"位权"概念

对十进制数 335 来说，百位上的 3 表示有 3 个 10^2，即 300；十位上的 3 表示 3 个 10^1，即 30；个位上的 5 表示 5 个 10^0，即 5。

对二进制 110 来说，高位的 1 表示 1 个 2^2，即 4；低位的 1 表示 1 个 2^1，即 2；最低位的 0 表示 0 个 2^0，即 0。可见，在数制中，各位数字所表示值的大小不仅与该数字本身大小有关，而且还与该数字所在位置有关，这就是数的"位权"。十进制数的位权是以 10 为底的幂，二进制数的位权是以 2 为底的幂，十六进制数的位权是以 16 为底的幂。位数由高向低，以降幂的方式排列。

总的来讲，无论哪种数制都有共同的"逢 n 进 1"计数运算规律和"位权表示法"特点。n 是指数制中所需要的数字和字母的总个数，称为基数。例如，十进制的基数是 10（数字和字母的个数是 10 个），二进制的基数是 2（数字和字母的个数是 0、1 两个）等。

(5) 编码方式

计算机只能识别"0"和"1"这两种状态，所以在计算机中数以及数以外的其他信息（如字符或字符串）要用二进制代码来表示。这种二进制形式的代码称为二进制编码。

字符的二进制编码 ASCII 码是美国标准信息交换代码，一个字节的 8 位二进制码可以表示 256 个字符。当最高位为"0"时，所表示的字符为标准 ASCII 码字符，共有 128 个，用于表示数字、英文大写字母、英文小写字母、标点符号及控制字符等，如表 1-2 所示；当最高位为"1"时，所表示的是扩展 ASCII 码字符，表示的是一些特殊符号（如希腊字母等）。

ASCII 码常用于计算机与外部设备的数据传输，如通过键盘的字符输入，通过打印机或显示器的字符输出。在 ASCII 码字符表中，还有许多不可打印的字符，如 CR（回车）、LF（换行）及 SP（空格）等，这些字符称为控制字符。控制字符在不同的输出设备上可能会执行不同的操作（因为没有非常规范的标准）。计算机能直接识别与处理的是二进制数。用 4 位二进制代码可以表示 1 位十进制数。这种用二进制代码表示十进制数的代码称为 BCD 码。常用的 8421BCD 码如表 1-3 所示。

表 1-2　ASCII 码字符表

字符	ASCII 码	字符	ASCII 码	字符	ASCII 码
0	30H	A	41H	a	61H
1	31H	B	42H	b	62H
2	32H	C	43H	c	63H
3	33H	D	44H	d	64H
4	34H	E	45H	e	65H
5	35H	F	46H	f	66H
6	36H	G	47H	g	67H
7	37H	H	48H	h	68H
8	38H	I	49H	i	69H
9	39H	J	4AH	j	6AH
:	3AH	K	4BH	k	6BH
;	3BH	L	4CH	l	6CH
<	3CH	M	4DH	m	6DH
=	3DH	N	4EH	n	6EH
>	3EH	O	4FH	o	6FH
?	3FH	P	50H	p	70H
@	40H	Q	51H	q	71H
SP(空格)	20H	R	52H	r	72H
CR(回车)	0DH	S	53H	s	73H
LF(换行)	0AH	T	54H	t	74H
BEL(响铃)	07H	U	55H	u	75H
BS(退格)	08H	V	56H	v	76H
ESC(换码)	1BH	W	57H	w	77H
FF(换页)	0CH	X	58H	x	78H
SUN(置换)	1AH	Y	59H	y	79H
SOH(标题开始)	01H	Z	5AH	z	7AH

表 1-3 8421BCD 码

十进制数	BCD 码	十进制数	BCD 码
0	0000B	5	0101B
1	0001B	6	0110B
2	0010B	7	0111B
3	0011B	8	1000B
4	0100B	9	1001B

由于用 4 位二进制代码可以表示 1 位十进制数，所以采用 8 位二进制代码（1 个字节）就可以表示 2 位十进制数。这种用 1 个字节表示 2 位十进制数的代码，称为压缩的 BCD 码。相对于压缩的 BCD 码，用 8 位二进制代码表示的 1 位十进制数的代码称为非压缩的 BCD 码。此时高 4 位无意义，低 4 位是 BCD 码。可见，采用压缩的 BCD 码比采用非压缩的 BCD 码节省存储空间。

应当注意，当 4 位二进制代码在 1010B～1111B 范围时，不属于 8421BCD 码的合法范围，称为非法码。两个 BCD 码的运算可能出现非法码，这时就要对所得结果进行调整。

1.2.2 二进制的逻辑运算

逻辑变量之间的运算称为逻辑运算。二进制数 1 和 0 在逻辑上可以代表"真"与"假"、"是"与"否"、"有"与"无"。逻辑运算主要包括三种基本运算：逻辑加法（又称"或"运算）、逻辑乘法（又称"与"运算）和逻辑否定（又称"非"运算）。此外，"异或"运算也很有用。

（1）逻辑加法（"或"运算）

逻辑加法通常用符号"＋"或"∨"来表示。逻辑加法运算规则如下：

$$0+0=0, \quad 0 \vee 0=0$$
$$0+1=1, \quad 0 \vee 1=1$$
$$1+0=1, \quad 1 \vee 0=1$$
$$1+1=1, \quad 1 \vee 1=1$$

从上式可见，逻辑加法有"或"的意义。也就是说，在给定的逻辑变量中，A 或 B 只要有一个为 1，其逻辑加的结果就为 1；只有当两者都为 0 时逻辑加的结果才为 0。

（2）逻辑乘法（"与"运算）

逻辑乘法通常用符号"×"或"∧"或"·"来表示。逻辑乘法运算规则如下：

$$0 \times 0=0, \quad 0 \wedge 0=0, \quad 0 \cdot 0=0$$
$$0 \times 1=0, \quad 0 \wedge 1=0, \quad 0 \cdot 1=0$$
$$1 \times 0=0, \quad 1 \wedge 0=0, \quad 1 \cdot 0=0$$
$$1 \times 1=1, \quad 1 \wedge 1=1, \quad 1 \cdot 1=1$$

不难看出，逻辑乘法有"与"的意义。它表示只当参与运算的逻辑变量都同时取值为 1 时，其逻辑乘积才等于 1。

（3）逻辑否定（"非"运算）

逻辑否定运算又称逻辑非运算。其运算规则为：

！0＝1，"非"0等于1

！1＝0，"非"1等于0

（4）逻辑异或运算（"半加"运算）

逻辑异或运算通常用符号"⊕"表示，其运算规则为：

0⊕0＝0，0同0异或，结果为0

0⊕1＝1，0同1异或，结果为1

1⊕0＝1，1同0异或，结果为1

1⊕1＝0，1同1异或，结果为0

即两个逻辑变量相异，输出才为1。

记一记

【知识训练】

1. 单项选择题

（1）下列选项不属于逻辑运算的是（　　）。

　　A. 与　　　　　　B. 或　　　　　　C. 非　　　　　　D. 位

（2）二进制逢（　　）进1。

　　A. 10　　　　　　B. 8　　　　　　C. 2　　　　　　D. 16

（3）计算机中最常用的字符信息编码是（　　）。

　　A. ASCII　　　　　　　　　　　B. BCD 码

　　C. 余3码　　　　　　　　　　　D. 循环码

（4）下列不属于十六进制数的是（　　）。

　　A. 123　　　　　　　　　　　　B. 12AB

　　C. 1001　　　　　　　　　　　　D. 5G3

（5）将二进制数（1101001）$_2$转换成对应的八进制数是（　　）。

　　A. 141　　　　　　B. 151　　　　　　C. 181　　　　　　D. 101

（6）C语言不能直接使用的数制是（　　）。

　　A. 十进制　　　　　　　　　　　B. 十六进制

　　C. 二进制　　　　　　　　　　　D. 八进制

（7）将十进制数215转化成对应的二进制数是（　　）。

  A. 11010111   B. 11101011
  C. 10010111   D. 10101101

2. 多项选择题

与十进制数 89 相等的数为（　　）。

  A. 59H   B. 10001001B   C. 131Q
  D. 1011001B   E.（10001001）BCD

3. 填空题

（1）二进制数 00001111 转化为十六进制数为_____。

（2）十六进制数 CF 为二进制数_____。

（3）二进制数 10101010 转化为十六进制数为_____。

4. 简答题

若 $X=10011101$，$Y=01110001$，则 $X \wedge Y$ 的运算值为多少？

任务 1.3　单片机的开发软件环境搭建

【任务描述】

在掌握单片机的相关理论知识之后，应学习单片机的开发软件环境搭建。

【相关知识】

1.3.1　编程软件 Keil 的安装步骤

  ① 点击进入 Keil 软件安装程序，单击"Next"按钮，见图 1-3。

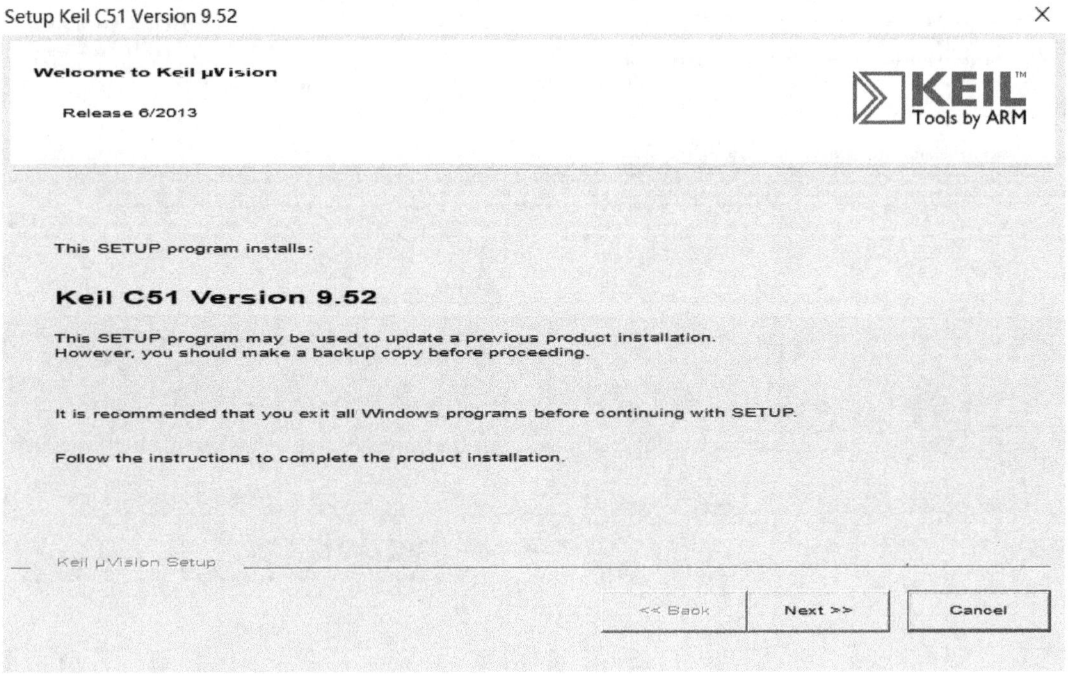

图 1-3　安装步骤（1）

② 勾选复选框后，单击"Next"按钮，见图1-4。

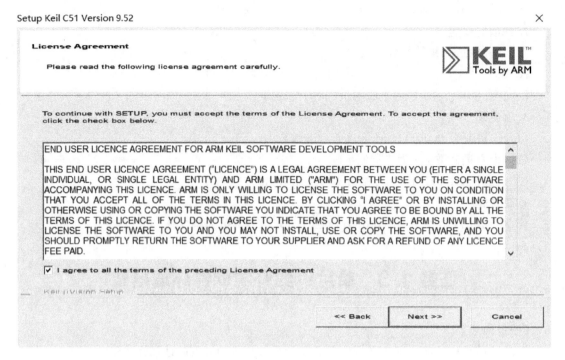

图 1-4　安装步骤（2）

③ 选择安装地址，默认为"C：\Keil"，单击"Next"按钮，见图1-5。

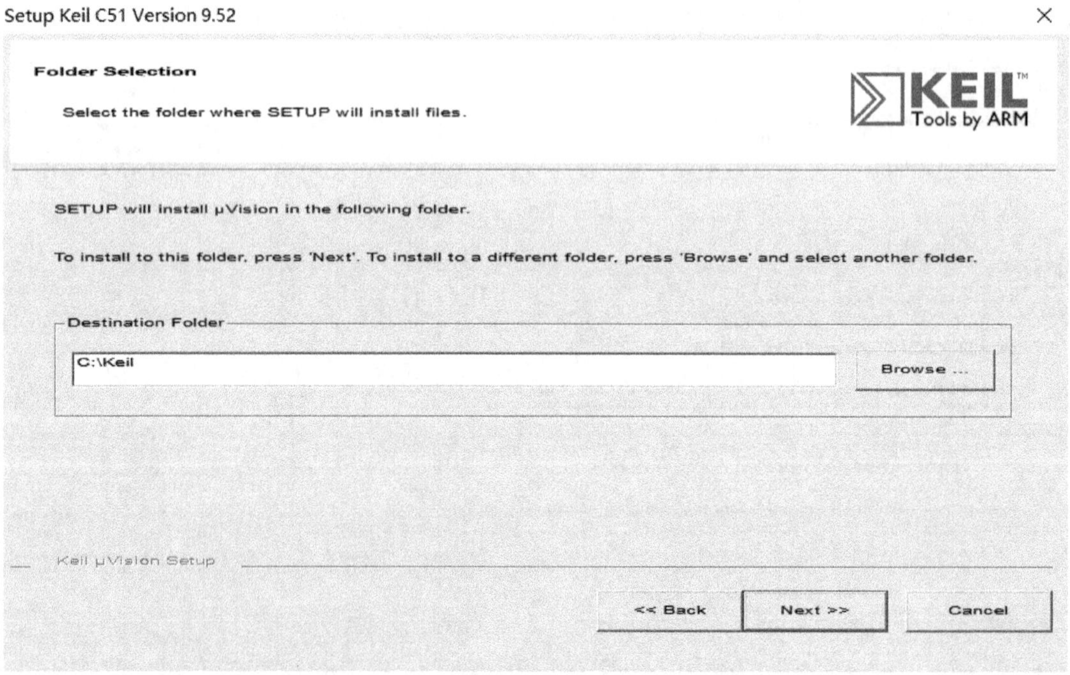

图 1-5　安装步骤（3）

④ 输入所涉及的信息，单击"Next"按钮，见图1-6。

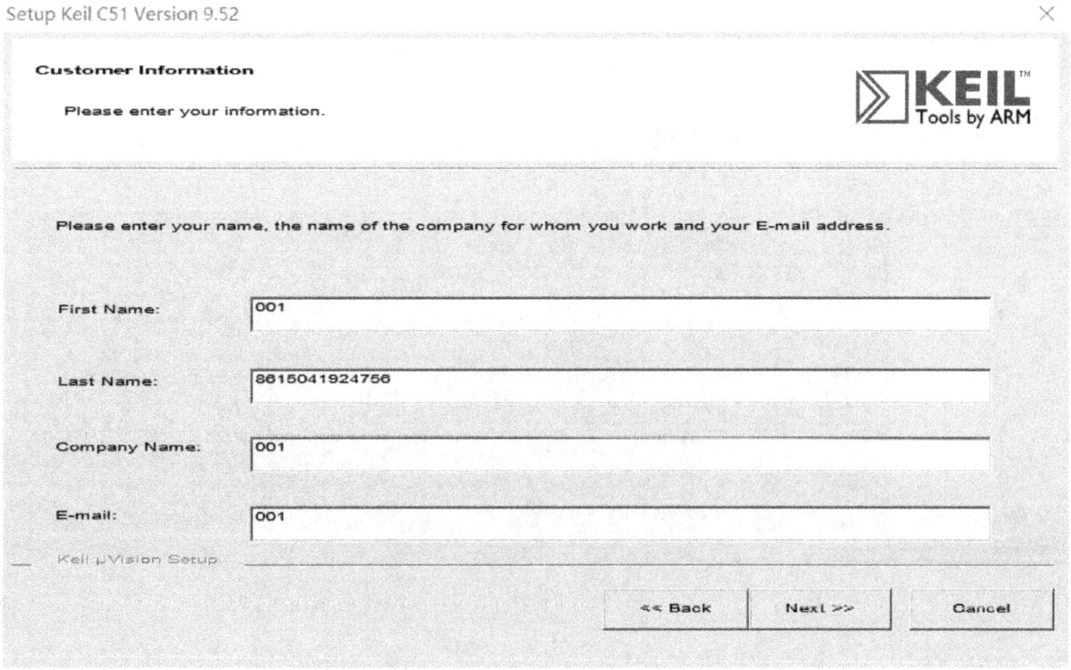

图1-6　安装步骤（4）

⑤ 单击"Finish"按钮完成安装，见图1-7。

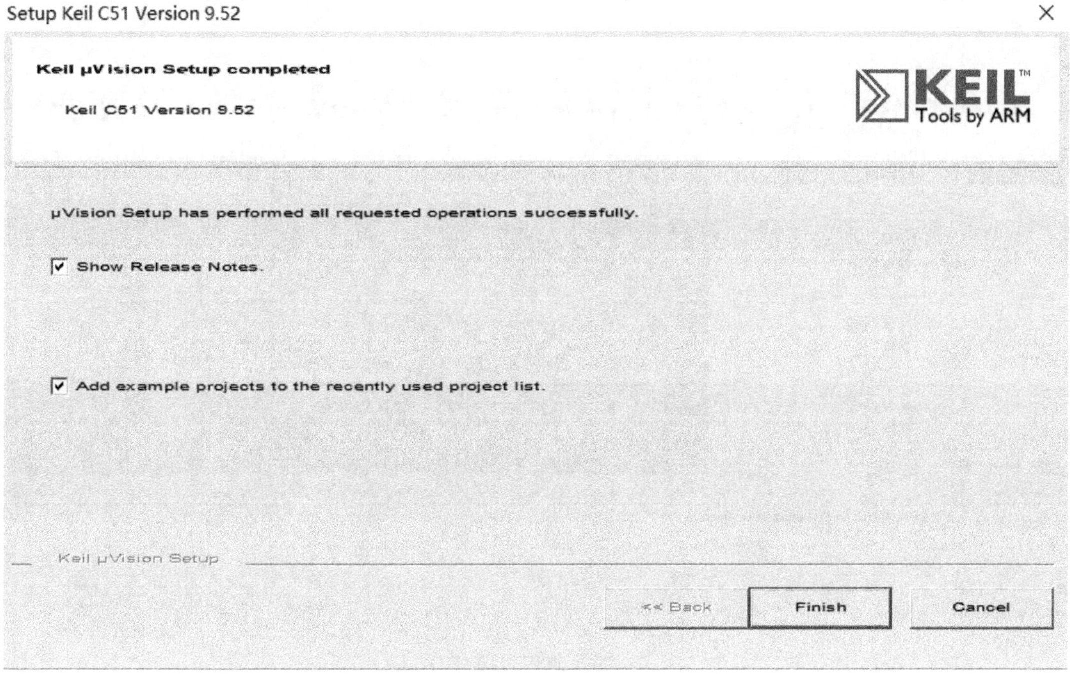

图1-7　安装步骤（5）

1.3.2 编程软件 Keil 的使用步骤

① 在桌面上打开 Keil 软件，见图 1-8。

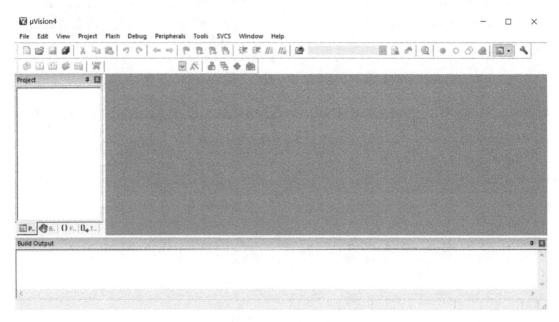

图 1-8 使用步骤（1）

② 单击"Project"下拉菜单中的"New μVision Project"选项，新建一个工程，见图 1-9。

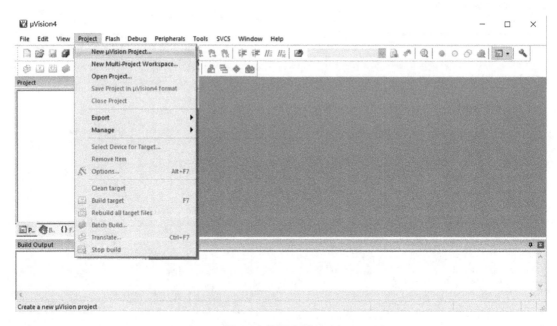

图 1-9 使用步骤（2）

③ 单击保存图标保存新建工程，在弹出的对话框中的"文件名"文本框中输入工程名，然后单击"保存"按钮，见图 1-10。

图 1-10　使用步骤（3）

④ "CPU" 选项卡的 "Data base" 列表框中选择所使用单片机的制造厂家，这里选择 "Atmel"，选择 "AT89C51"，此时右侧列表框中会显示 AT89C51 单片机的详细数据，见图 1-11，单击 "OK" 按钮。

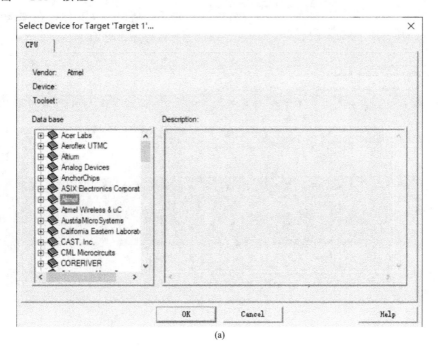

(a)

图 1-11

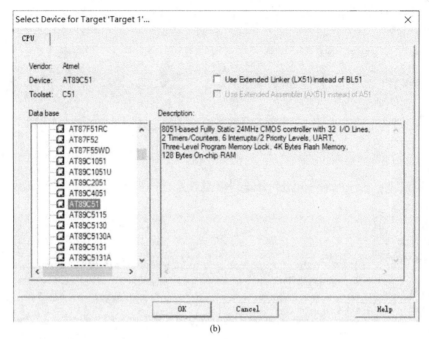

图 1-11 使用步骤（4）

图 1-12 使用步骤（5）

⑤ 系统弹出"µVision"对话框，此时单击默认选项"是"按钮，见图 1-12。

⑥ 单击"File"菜单中的"New"选项，新建一个文件，在弹出的窗口中书写程序，见图 1-13。

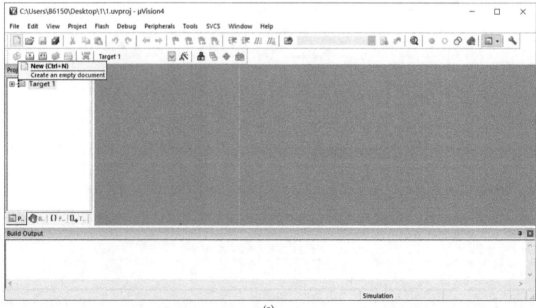

(a)

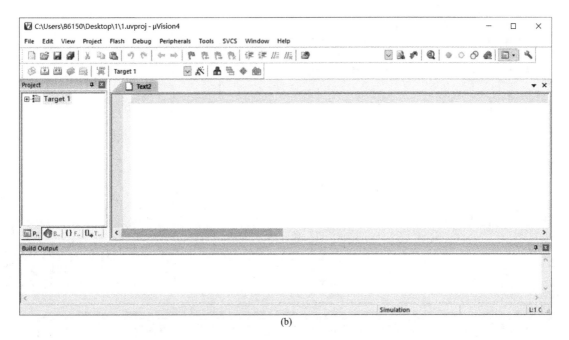

(b)

图 1-13　使用步骤（6）

⑦ 按"Ctrl+S"键系统弹出"Save As"对话框，在"文件名"文本框中输入文件名称，扩展名为".c"，然后单击"保存"按钮。最后单击左侧的"Target 1"节点，打开下拉菜单，见图 1-14。

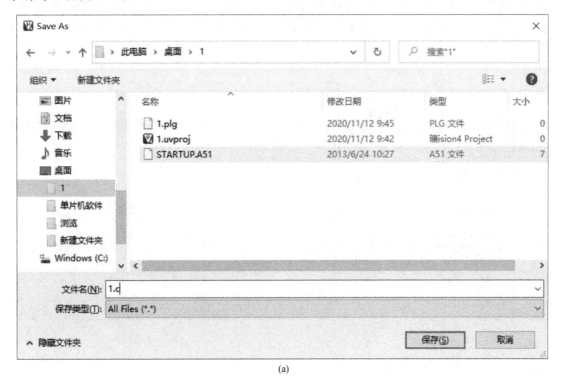

(a)

图 1-14

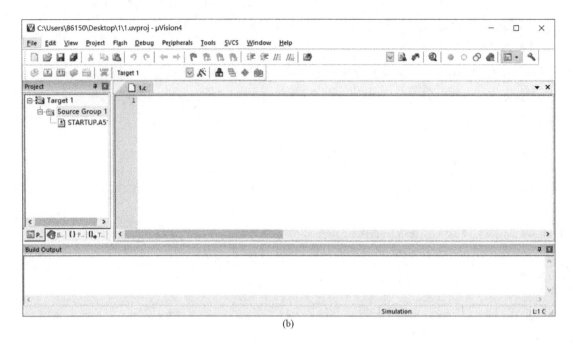

(b)

图 1-14 使用步骤（7）

⑧ 打开下拉菜单以后，在"Source Group1"处单击右键，在下拉菜单中单击"Add Existing Files to Group 'SoureGroup1'…"选项添加". C"文件，见图 1-15。

⑨ 找到新建的文件并导入，双击该文件，书写程序，完成后点击 按钮进行编译，编译完成后，窗口下面的对话框会显示编译信息，如果有错则需要改正并重新编译，见图 1-16。

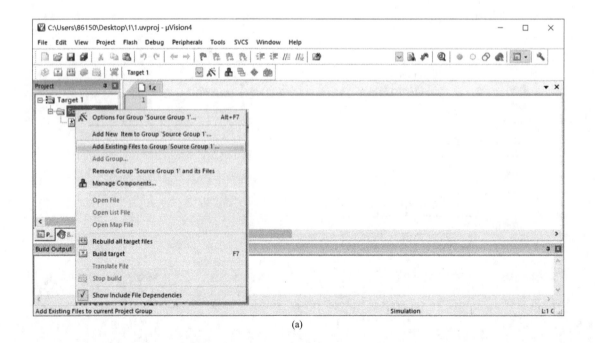

(a)

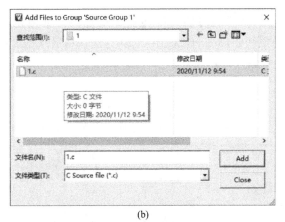

(b)

图 1-15　使用步骤（8）

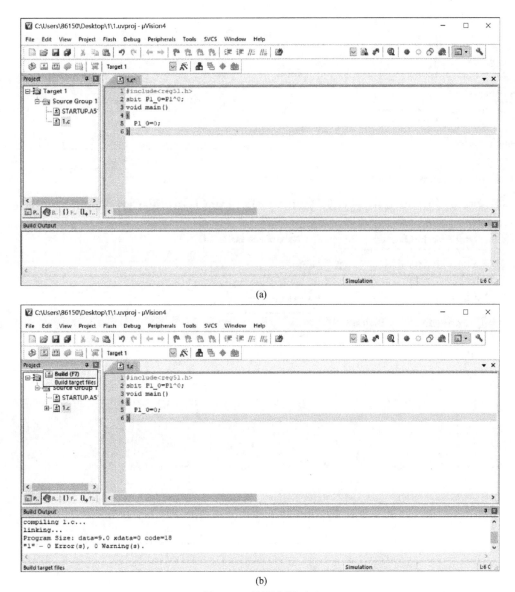

(b)

图 1-16　使用步骤（9）

⑩ 单击 进行设置，将所编写的代码转换成机器码。如单击"Output"选项卡，在"Output"选项卡中，选中"Create HEX File"复选框，然后单击"OK"按钮设置完成后，单击 按钮进行编译，见图1-17。

(a)

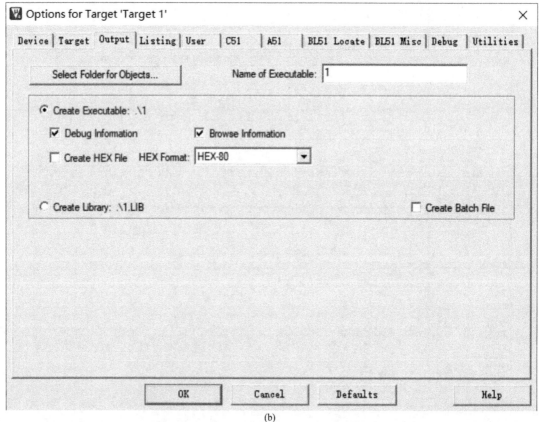

(b)

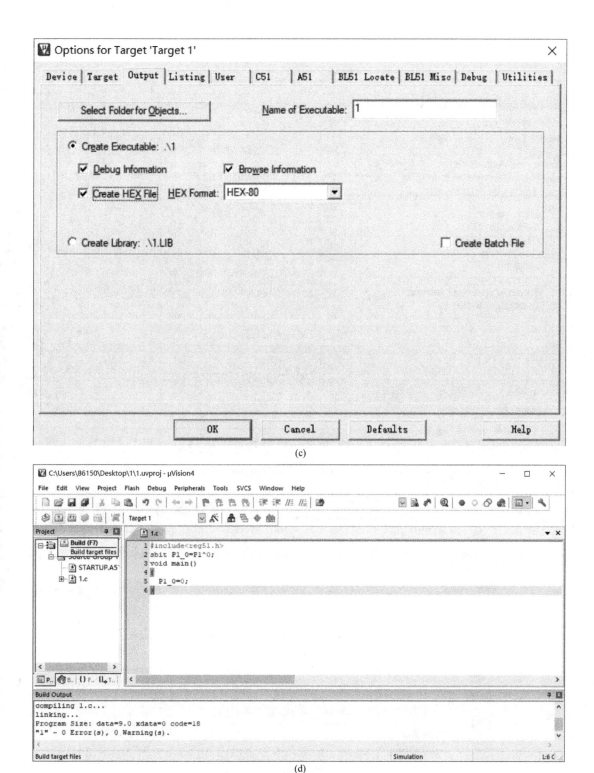

图 1-17 使用步骤（10）

1.3.3 下载器的使用步骤

① 选择对应的单片机型号和串口号，然后单击"打开程序文件"按钮，选择之前保存

的文件单击"打开"按钮。见图1-18。

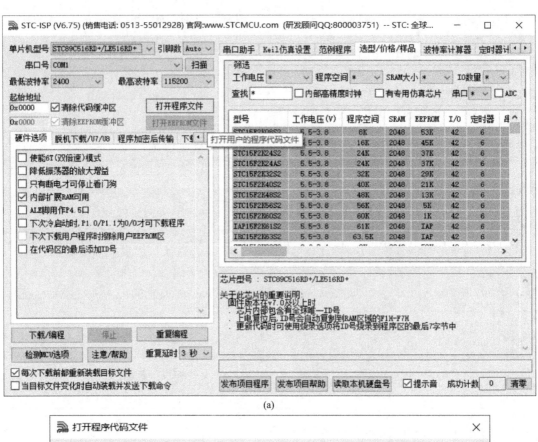

(a)

(b)

图1-18 使用步骤（11）

② 单击"下载/编程"按钮开始下载程序，当完成下载时，页面显示下载完成信息。见图 1-19。

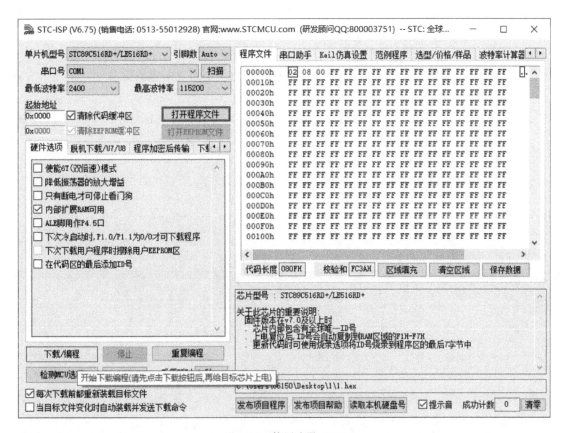

图 1-19 使用步骤（12）

记一记

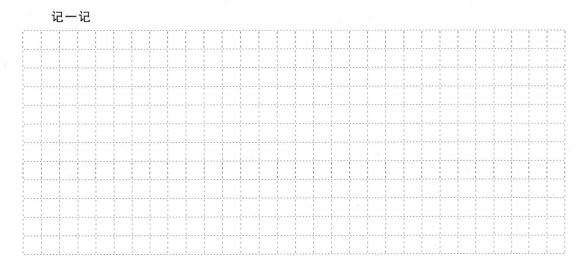

【知识训练】
1. 单项选择题
以下选项中新建工程第一步是（　　）。

A. 添加源文件　　　　　　　　　　B. 选择单片机型号
C. 添加启动文件　　　　　　　　　D. 创建新工程

2. 多项选题

使用 Keli C51 的基本步骤正确的有（　　）。

A. 新建工程，新建源文件　　　　　B. 添加源文件，工程配置
C. 工程编译，HEX 文件　　　　　　D. 以上 A、B 选项错误

3. 判断题

（1）在"Output"窗口下的选项"Create HEX File"中不需要打钩就可以生成 Hex 文件。（　　）

（2）编写 51 单片机程序时只能使用 Keil 软件编写。（　　）

（3）单片机控制程序可以包含多个源程序文件。（　　）

项目二　C语言基础

【项目描述】

C语言作为计算机程序设计语言中最经典的一种语言,在各种场合都得到了广泛的应用。C语言易于学习,支持广泛,资料繁多,得到了广大程序设计人员的钟爱。目前很多硬件相关的开发都用C语言编程,例如51系列单片机、AVR单片机、PIC单片机、嵌入式ARM、DSP处理器等。C语言本身不依赖于底层的硬件系统,仅进行简单的修改即可将程序移植到不同的系统中应用,而且C语言本身提供了很多函数,可以直接拿来利用,缩短了开发时间,提高了开发效率。随着单片机性能和集成开发工具的不断发展,利用C语言开发单片机应用程序,具有开发效率高、程序可读性强、可移植、后期维护修改成本低等优点,因此利用C语言进行单片机的开发已经成为主流。

【项目目标】

① 了解C语言的特点。
② 掌握C语言的数据类型。
③ 掌握选择语句的基本结构和用法。
④ 掌握循环语句的基本结构和用法。
⑤ 掌握一维数组、二维数组的定义、初始化和使用方法。
⑥ 掌握函数的定义、声明和调用方法。
⑦ 掌握指针的概念、定义和使用方法。

任务2.1　C语言基础知识介绍

【任务描述】

C语言是一种通用的程序设计语言。随着C语言在开发系统软件和应用软件中的广泛应用,它已成为当今世界上最流行的语言之一。本次任务主要介绍与C语言程序设计相关的基础知识。

【相关知识】

2.1.1　利用C语言开发单片机的优点

单片机C语言编程与单片机汇编语言编程相比,有如下优点:

① 不需要掌握单片机的指令系统,可以直接用 C 语言编程控制单片机,学习较容易。
② 寄存器的分配、数据类型等细节都由编译器自动管理,不需要用户去操作。
③ 有规范的编程格式,利用不同的函数组合,可以使程序结构化,易于后期对程序的维护、升级。
④ 程序库中包含很多标准函数,具有很强的数据处理能力,使用方便。
⑤ 具有成熟的模块化编程技术,使在一个硬件平台编好的程序很容易移植到其他的硬件平台。

C 语言常用语法不多,尤其是单片机的 C 语言常用语法更少,初学者没有必要再系统地将 C 语言重学一遍,只要跟着教程学下去,当遇到难点时,停下来适当地查阅 C 语言书籍里的相关部分,便会轻松掌握,马上应用到实践当中,且记忆深刻。C 语言仅仅是一个开发工具,其本身并不难,难的是如何在将来开发庞大系统时灵活运用 C 语言的正确逻辑编写出结构完善的程序。

2.1.2 C51 中的数据类型

很多初学者搞不明白数据类型是什么,下面举个简单例子。

设 X=10,Y=I,Z=X+Y,求 Z=? 在这个例子当中,将 10 和 I 分别赋给 X 和 Y,再将 X+Y 赋给 Z。由于 10 已经固定,称 10 为"常量";由于 X 可以是其他值,Y 的值随 I 值的变化而变化,Z 的值随 X+Y 值的变化而变化,称 X、Y 和 Z 为"变量"。本题中 X 的值为 10,而 Y 的值为 I,但其他题中 X 的值有可能是 10000,Y 的值有可能是其他的数。

在日常计算时,可以赋给 X 和 Y 任意大小的值。当给单片机编程时,单片机也要运算,而在单片机的运算中,这个"变量"数据的大小是有限制的,不能随意给一个变量赋任意的值,因为变量在单片机的内存中是要占据空间的。变量大小不同,所占据的空间就不同,为了合理利用单片机内存空间,编程时就要设定合适的数据类型,不同的数据类型也就代表了不同的数据形式。所以在设定一个变量之前,必须要给编译器声明这个变量的类型,以便让编译器提前从单片机内存中分配给这个变量合适的空间。单片机的 C 语言中常用的数据类型如表 2-1 所示。

表 2-1 C51 中常用的数据类型

关键字	数据类型	所占位数	表示数的范围
unsigned char	无符号字符型	8	0~255
char	有符号字符型	8	−128~+127
unsigned int	无符号整型	16	0~65535
int	有符号整型	16	−32768~+32767
unsigned long	无符号长整型	32	$0 \sim 2^{32}-1$
long	有符号长整型	32	$-2^{31} \sim 2^{31}-1$
float	单精度实型	32	3.4e−38~3.4e38
double	双精度实型	64	1.7e−308~1.7e308
bit	位类型	1	0 或 1

在 C 语言的书籍中还有 short int、long int、signed short int 等数据类型，单片机的 C 语言默认的规则如下：short int 即为 int，long int 即为 long，前面若无 unsigned 符号则一律认为是 signed 型。

关于所占位数的解释：在编写程序时，无论是以十进制、十六进制还是二进制表示的数，在单片机中，所有的数据都是以二进制形式存储在存储器中的，既然是二进制，那么就只有两个数——0 和 1，这两个数每一个所占的空间就是一位（b，bit），位也是单片机存储器中最小的单位。比位大的单位是字节（B，Byte），一个字节等于 8 位（即 1B=8b）。从表 2-1 可以看出，除了位，字符型占存储器空间最小，为 8 位，双精度实型最大，为 64 位。

(1) 整型

系统可以根据整常量的具体数值来确定它的类型。

对于十进制整常量，如果值的范围在 $-32768 \sim +32767$ 内，认为它是 int 型；如果其值超过了上述范围，如 40000 在范围 $-2^{31} \sim 2^{31}-1$ 内，则认为它是 long 型；如果其值超出了 long 所能表示的范围，那么它的类型就是无符号长整型（unsigned long）。

(2) 实型

float 型和 double 型是用来表示浮点数的，也就是带有小数点的数，如 12.234、0.213 等。在这里需要说明的是，在一般的系统中，float 型数据只能提供 7 位有效数字，double 型数据能够提供 15~16 位有效数字，但是这个精度还和编译器有关系，并不是所有的编译器都遵守这条原则。当把一个 double 型变量赋给 float 型变量时，系统会截取相应的有效位数。例如：

float a;   /*定义一个 float 型变量*/
a= 123.1234567;

由于 float 型变量只能接收 7 位有效数字，因此最后的 3 位小数将会被四舍五入截掉，即实际 a 的值将是 123.1235。若将 a 改成 double 型变量，则能全部接收上述 10 位数字并存储在变量 a 中。

(3) 字符型

char 用来表示字符型，字符型常量是用单引号括起来的一个字符，如'A'，'a'，'?'等。

构成一个字符型常量的字符可以是源字符集（通常是 ASCII 字符集）中除单引号本身('）、双引号（"）、反斜杠（\）以外的任意字符。注意：'a'和'A'是不同的字符型常量。

标识符是编程者在程序中给所使用的常量、变量、函数、语句标号和类型定义等命名的字符串。C 语言规定标识符只能由字母、下划线和数字组成，且第一个字符必须是字母或下画线。下面是合法标识符的例子：

a str2 add100 student Line area class5 TABLE

下面是一些非法标识符：

3th	以数字开头
=xyz	头个字符不是字母或下画线
"m+n"	有既非字母又非数字的符号
person name	标识符中不能出现空格
int	与关键字同名

使用标识符时，除注意其合法性外，要求命名应尽量有意义，以便"见名知义"，便于阅读理解，如用 result 表示计算结果，用 first_value 表示第一个数据等。

2.1.3 C51 数据类型扩充定义

单片机内部有很多的特殊功能寄存器，每个寄存器在单片机内部都分配有唯一的地址，一般会根据寄存器功能的不同给寄存器赋予各自的名称。当需要在程序中操作这些特殊功能寄存器时，必须要在程序的最前面将这些名称加以声明，声明的过程实际就是将寄存器在内存中的地址编号赋给名称，这样编译器在以后的程序中才可认知这些名称所对应的寄存器。对于大多数初学者来说，这些寄存器的声明已经完全被包含在 51 单片机的特殊功能寄存器声明头文件 "reg51.h" 中了，初学者若不想深入了解，完全可以暂不操作它。

sfr——特殊功能寄存器的数据声明，声明一个 8 位的寄存器。

sfr16——16 位特殊功能寄存器的数据声明。

sbit——特殊功能位声明，也就是声明某一个特殊功能寄存器中的某一位。

bit——位变量声明，当定义一个位变量时可使用此符号。

例如：

sfr SCON= 0x98;

SCON 是单片机的串行口控制寄存器，这个寄存器在单片机内存中的地址为 0x98。这样声明后，在以后要操作这个控制寄存器时，就可以直接对 SCON 进行操作，这时编译器也会明白，实际要操作的是单片机内部 0x98 地址处的这个寄存器，而 SCON 仅仅是这个地址的一个代号或名称而已。当然，也可以将其定义成其他的名称。例如：

sfr16 T2= 0xCC;

声明一个 16 位的特殊功能寄存器，它的起始地址为 0xCC。例如：

sbit T1= SCON^1;

SCON 是一个 8 位寄存器，SCON^1 表示这个 8 位寄存器的次低位，最低位是 SCON^0，SCON^7 表示这个寄存器的最高位。该语句的功能就是将 SCON 寄存器的次低位声明为 T1，以后若要对 SCON 寄存器的次低位操作，则可直接操作 T1。

2.1.4 C51 中常用的头文件

头文件就是 C 语言中的 "文件包含" 的意思。所谓 "文件包含" 是指在一个文件内将另外一个文件的内容全部包含进来。因为被包含的文件中的一些定义和命令使用的频率很高，几乎每个程序中都可能要用到，为了提高编程效率，减少编程人员的重复劳动，将这些定义和命令单独组成一个文件，如 reg51.h，然后用 "#include<reg51.h>" 包含进来就可以了，这个就相当于工业上的标准零件，拿来直接用就可以了。通常有 reg51.h，reg52.h，math.h，ctype.h，stdio.h，stdlib.h，absacc.h，intrins.h。但常用的只有 reg51.h 或 reg52.h，math.h。

reg51.h/reg52.h 是定义 51 单片机/52 单片机特殊功能寄存器和位寄存器用的。这两个头文件中大部分内容是一样的，52 单片机比 51 单片机多一个定时器 T2，因此 reg52.h 中也就比 reg51.h 中多几行定义 T2 寄存器的内容。

math.h 是定义常用数学运算的，比如求绝对值、求 n 次方根、求正弦和余弦等。该头文件中包含有各种数学运算函数，当需要使用时可以直接调用它的内部函数。

当对特殊功能寄存器有了基本的了解后，就可以自己动手来写具有自己风格的头文件了。例如，在 TX-1C 单片机学习板上，用的是 STC 公司的 51 内核单片机，该单片机内部除了一般51单片机所具有的功能外，还有一些特殊功能，当要使用这些特殊功能时，就要对它进行另外的操作，此时就需要编程人员自己定义这些特殊功能寄存器的名称，例如可以根据芯片说明文档上所注明的各个寄存器的地址来定义。

在程序中加入头文件通常有两种方法，分别是"♯include<reg51.h>"和"♯include" reg51.h""。注意头文件句末不需要加"；"否则编译器编译时会报错。加头文件时<>和""两者是有区别的，主要如下：

① 当使用<>包含头文件时，程序编译时编译器会首先到Keil软件的安装文件中寻找，具体在Keil\C51\INC这个文件夹中。如果没有找到，则编译时会报错。

② 当使用""包含头文件时，程序编译时编译器会首先到当前工程所在的文件夹下寻找，如果没有找到，则马上到Keil软件的安装文件中寻找，如果都没有找到，则编译时会报错。由于reg52.h在安装文件中，所以一般写成"♯include<reg52.h>"就可以了。

2.1.5 C51中的运算符和表达式

C语言的运算符非常丰富，在程序中使用这些运算符来处理各种基本操作，从而完成特定的功能。C语言的运算符主要有以下几种。

(1) 算术运算符和算数表达式

- ＋：加法运算符，或为取正值运算符。例如 4＋8、A＋B、＋12。
- －：减法运算符，或为取负值运算符。例如 15－5、TIME1－TIME2、－23。
- ＊：乘法运算符。例如 3＊6、AB＊BF。
- /：除法运算符。在这里除法运算符和一般的算术运算规则有所不同。如果是两个浮点数相除，结果也是浮点数；如果两个整数相除，结果也是整数。例如，10.0/20.0 结果为0.5，7/2 结果为 3，而不是 3.5。
- ％：求余运算符。％两侧均应是整数。例如 10％3 结果为 1。

在上述运算符中，同样可以用"（ ）"来改变运算的优先级，如（A＋B）＊C 就需要先计算 A 与 B 的和，再计算与 C 的积。由算术运算符和括号将操作数连接起来的式子称为算术表达式。

(2) 赋值运算符和赋值表达式

- ＝：赋值运算符。在 C 语言中用于给变量赋值，用赋值运算符将一个变量与一个表达式连接起来的式子称为赋值表达式。其格式如下：

变量名＝ 表达式

在赋值表达式后面加"；"构成赋值语句。其格式如下：

变量名＝ 表达式；

例如：num＝ 25;   /*给变量 num 赋值 25*/
　　　D＝ C;   /*将变量 C 的值赋给变量 D*/

在赋值运算中，当"＝"两侧数据类型不一致时，系统自动将右边表达式的值转换为与左侧变量一致的数据类型，再赋值给变量。

(3) 自增、自减运算符和表达式

C 语言中提供了两个特殊的运算符：自增运算符"＋＋"和自减运算符"－－"。其作用是使变量的值增1或减1，它们都是单目运算符，可以出现在运算分量的前面或后面。表达式＋＋i 和 i＋＋的作用都相当于 i＝i+1，表示将 i 的内容在原来的基础上加 1。表达式

――i和i――的作用都相当于i=i-1，表示将i的内容在原来的基础上减1。

++i和――i是前缀表示法，i++和i――是后缀表示法。如果直接在++i和i++的后面加上分号构成C语言的执行语句，即"++i;"和"i++;"，前缀和后缀并无区别，都是使i的值在原来基础上加1（――符号也一样）。但是，将它们用在表达式中，前缀和后缀则是有区别的。

前缀表示法是先将i的值加1/减1，再在表达式中使用；而后缀表示法是先在表达式中使用i的当前值，再将i的值加1/减1。如果i的原值等于51，执行下面的赋值语句：

① j=++i，i的值先加1变成52，再赋给j，j的值为52。
② j=i++，先将的i值赋给j，j的值为51，然后i再加1变为52。

(4) 关系运算符和关系表达式

关系运算符通常是用来判别两个变量是否符合某个条件的，所以使用关系运算符的运算结果只有"真"或"假"，即"1"或"0"两种。

- >：大于。例如，A>B。
- <：小于。例如，A<3。
- >=：大于等于。例如，C>=10。
- <=：小于等于。例如，D<=7。
- ==：等于。例如，A==B。在这里要区别于赋值运算符"="，它表示的意思不是将B的值赋给A，而是用来判定A和B的值是否相等。
- !=：不等于。例如，A!=B。

用关系运算符将两个表达式连接起来的表达式称为关系表达式。

(5) 逻辑运算符和逻辑表达式

- &&：逻辑与。当两个运算对象值均为真时，与运算结果为真，其值为"1"；否则为假，其值为"0"。即全真为真，有假为假。
- ||：逻辑或。当两个运算对象值均为假时，或运算结果为假，其值为"0"；否则为真，其值为"1"。
- !：逻辑非。如果a为假，则!a为真；如果a为真，则!a为假。

(6) 位运算符

单片机通常通过I/O端口控制外部设备完成相应的操作，例如单片机控制电动机转动、信号灯的亮灭、蜂鸣器的发声及继电器的通断等。这些控制均需要使用I/O端口某一位或几位，因此，单片机应用中位操作运算符是很重要的运算分支，C51语言支持各种位运算。

位运算也是C语言的一大特色。所谓位运算，形象地说是指将数值以二进制位的方式进行相关的运算，参与位运算的数必须是整型或字符型数据，实型（浮点型）的数不能参与位运算。

- &：按位"与"运算符。它是实现"必须都有，否则就没有"的运算。&的运算规则是：

$$0\&0=0, 0\&1=0, 1\&0=0, 1\&1=1$$

在实际应用中，按位"与"运算常用来对某些位清零或保留某些位。例如，A的值为：

$$A=10010010$$

若只想保留A的高4位，则用A&11110000。与运算后A的值为10010000。

- |：按位"或"运算符。它是实现"只要其之一有，就有"的运算。"|"的运算规

则是：
$$0|0=0,\ 1|0=1,\ 0|1=1,\ 1|1=1$$

在实际应用中，"或"运算常用来将一个数值的某些位定值为"1"。例如，A 的值为 10010010，想将 A 的低四位定值为 1，则用 A | 00001111。或运算后 A 的值为 10011111。

• ∧：按位"异或"运算符。它是实现"两个不同就有，相同就没有"的运算。∧ 的运算规则是：
$$0\wedge 0=0,\ 1\wedge 0=1,\ 0\wedge 1=1,\ 1\wedge 1=0$$

在实际应用中，"异或"运算常用来使数值的特定位翻转。例如，A 的值为 10011010。若想将 A 的低四位翻转，即 0 变 1，1 变 0，则用 A ∧ 00001111。异或运算后 A 的值为 10010101。

• ~：按位"取反"运算符。它是实现"是非颠倒"的运算。~ 的运算规则是：
$$\sim 0=1,\ \sim 1=0$$

例如，A 的值为 10011010，按位取反后，其值为 01100101。

• <<："左移"运算符。它是实现将一个二进制数的每一位都左移若干位的运算。左移运算符的计算方法如图 2-1 所示。

• >>："右移"运算符。它是实现将一个二进制数的每一位都右移若干位的计算。右移运算符的计算方法如图 2-2 所示。

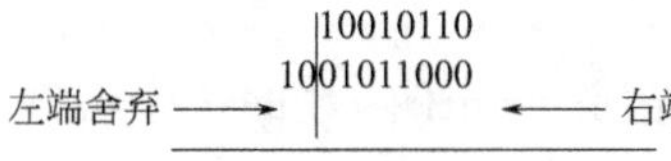

图 2-1　左移运算

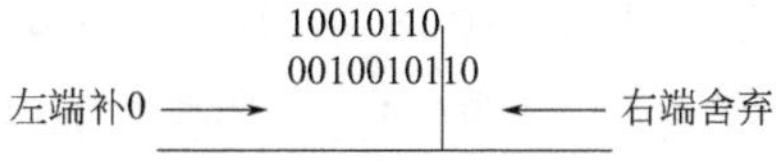

图 2-2　右移运算

（7）复合赋值运算符和表达式

复合赋值运算符实际上是一种缩写形式，使得对变量的改变更为简洁。在赋值运算符"＝"之前加上其他双目运算符，就可以构成复合赋值运算符。

构成复合赋值运算符表达式的方式为：变量双目运算符＝表达式，它相当于：变量＝变量运算表达式。例如：a＋=3 相当于 a＝a＋3；a * ＝b＋4 相当于 a＝a * (b＋4)。复合赋值运算符有＋=、－=、* =、/=、%=、<<=、>>=、&=、∧=和 | =。

（8）逗号运算符和逗号表达式

C 语言中，逗号的用途主要有两种：一是作为运算符，二是作为分隔符。

① 逗号作为运算符。逗号作为运算符时，是用它将两个表达式连接起来。例如：
$$49+52,\ 61+83$$
称为逗号表达式，又称为"顺序求值运算符"。

逗号表达式的一般形式为：
$$表达式 1,\ 表达式 2$$

它的求解过程是：先求解表达式 1，再求解表达式 2。表达式 2 的值是整个逗号表达式的值。例如，逗号表达式 "49＋52，61＋83" 的值为 144。又例如，逗号表达式
$$i=30*5,\ i*6$$
由于赋值运算符的优先级高于逗号运算符，其求解过程为：先求解 i＝30 * 5，经计算和赋值后得到 i 的值为 150，然后求解 i * 6，得 900。整个逗号表达式的值为 900。

一个逗号表达式又可以与另一个表达式组成一个新的逗号表达式，例如：

$$(i=4*5, i*3), i+50$$

先计算出 i 的值等于 20，再进行 i*3 的运算得 60（但 i 值未变，仍为 20），再进行 i+50 得 70，即整个表达式的值为 70。

逗号表达式的一般形式可以扩展为：

表达式 1，表达式 2，表达式 3，…，表达式 n

逗号表达式的值为表达式 n 的值。

逗号运算符的优先级是所有运算符中级别最低的。因此，下面两个表达式的作用是不同的：

$$a. i=(j=30, 5*30), \quad b. i=j=30, 5*i$$

a.式是一个赋值表达式，将一个逗号表达式的值赋给 i，i 的值等于 150。b.式是逗号表达式，它包括一个赋值表达式和一个算术表达式，i 和 j 的值都为 30，整个表达式的值为 150。

逗号表达式最常用于循环语句（for 语句）中，详见本项目的任务三。

② 逗号作为分隔符　逗号是 C 语言中的标点符号之一，用来分隔开相应的多个数据。例如，在定义变量时，具有相同类型的多个变量可在同一行中定义，其间用逗号隔开：

int i,j,k;

另外，函数的参数也用逗号进行分隔，例如：

printf("%d,%d,%d",a,b,c);

上一行中的"a，b，c"并不是一个逗号表达式，它是 printf 函数的 3 个参数，参数间用逗号间隔。有关函数的详细叙述见本项目的任务五。如果改写为：

printf("%d,%d,%d",(a,b,c),b,c);

则"(a，b，c)"是一个逗号表达式，它的值等于 c 的值。括弧内的逗号不是参数间的分隔符而是逗号运算符，括弧中的内容是一个整体，作为 printf 函数的一个参数。

2.1.6　C51 中的基础语句

C51 中用到的基础语句如表 2-2 所示。在接下来的任务中要详细介绍这些基础语句。

表 2-2　C51 中的基础语句

语句	类型
if	条件语句
switch/case	多分支选择语句
while	循环语句
for	循环语句
do-while	循环语句

记一记

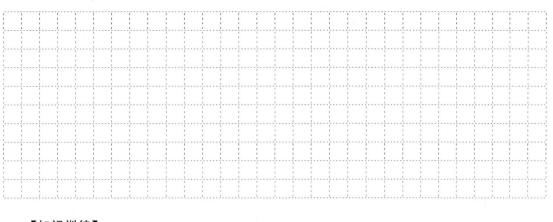

【知识训练】
1. 单项选择题

(1) C 语言中基本的数据类型包括（　　）。
　　A. 整型、实型、逻辑型　　　　　　B. 整型、实型、字符型
　　C. 整型、字符型、逻辑型　　　　　D. 整型、实型、逻辑型、字符型

(2) 以下选项中，不正确的浮点型常量是（　　）。
　　A. 160.　　　B. 0.12　　　C. 2e4.2　　　D. 0.0

(3) 在 C 语言中，字符型数据在计算机内存中以（　　）形式存储。
　　A. 原码　　　B. 反码　　　C. BCD 码　　　D. ASCII 码

(4) 以下选项中不合法的用户标识符是（　　）。
　　A. _1　　　B. AaBb　　　C. a_b　　　D. a--b

(5) 不合法的八进制数是（　　）。
　　A. 019　　　B. 0　　　C. 01　　　D. 067

(6) 30％8 的结果是（　　）。
　　A. 3　　　B. 4　　　C. 5　　　D. 6

(7) 逗号表达式"i＝3*4，i+5"的值是（　　）。
　　A. 12　　　B. 17　　　C. 8　　　D. 9

(8) 表达式：10！＝9 的值是（　　）。
　　A. true　　　B. 非零值　　　C. 0　　　D. 1

(9) 设 int a＝12，则执行完语句 a＋＝a－＝a*a 后，a 的值是（　　）。
　　A. 552　　　B. 264　　　C. 144　　　D. －264

(10) 字符型（char）数据在微机内存中的存储形式是（　　）。
　　A. 反码　　　B. 补码　　　C. EBCDIC 码　　　D. ASCII 码

2. 填空题

(1) 若 x 和 n 都是 int 型变量，且 x 的初值为 12，n 的初值为 5，则计算表达式 x％＝(n％＝2) 后，x 的值为_____。

(2) 若 x 为 int 型变量，计算 x＝3，＋＋x 后，表达式的值为_____，变量 x 的值为_____。

(3) 字符串"ABC"在内存占用的字节数是_____。

(4) C 语言中用_____表示逻辑值真，用_____表示逻辑值假。

(5) 执行 "printf("％d\n",(a＝3＊5,a＊4,a＋5));" 输出语句后, 输出结果是_____。

(6) 下面程序的输出是_____。
```
#include<stdio.h>
void main( )
{int x=23;
printf("%d\n",－－ x);
}
```

(7) 下面程序输出的是_____。
```
#include<stdio.h>
void main( )
{
    int x=10,y=3;
    printf("%d\n",y=x/y);
}
```

任务 2.2 选择语句

【任务描述】

按照结构化程序设计的观点,程序的基本结构形式有三种:顺序结构、分支结构和循环结构。顺序结构一般为简单的程序,执行程序时按语句的书写顺序依次执行。但大量实际问题需要根据条件判断以改变程序执行顺序或重复执行某段程序,前者称为分支控制,后者称为循环控制。因此程序设计还需要分支结构和循环结构来实现程序流程的控制,以满足解决复杂问题的需要。本任务主要完成 if 语句、if 语句嵌套的讲解。

【相关知识】

if 语句也称为条件语句,用于实现程序的分支结构,根据条件是否成立,控制执行不同的程序段,完成相应的功能。

if 语句有三种语法形式,构成三种分支结构。

2.2.1 if 语句

if 语句的格式为:
if(表达式)语句;

这是 if 语句最简单的一种形式,表达式可以是任何类型的表达式。若表达式的值为逻辑真（非 0 值）,则执行 if 的内嵌语句;若表达式的逻辑值为假（0 值）,则跳过该语句。控制流程如图 2-3 所示。举例如下:

if(x!=3&&y>=7)   printf("finished\n");

if 的内嵌语句是单语句,若表达式的值为真,需要执行若干语句时,应写成复合语句,为多条语句加上 { },使其在语法上等

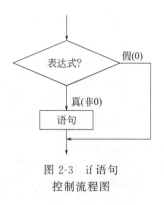

图 2-3 if 语句控制流程图

效于单语句。这就是复合语句的重要语法作用之一。在各种程序结构中,凡是语法上为单语句,而实际需要执行若干条语句时,应使用复合语句。例如:

```
if(x>0.0)
{
y=x*x+x;
z=4.0*x*x+5.0*y;
printf("y=%f,z=%f\n",y,z);
}
```

【例 2.1】从键盘输入两个不相等的数,存入 a 和 b,判断 a 和 b 的大小,若 a 小于 b,则交换 a、b 的值并输出。

程序代码如下:
```
#include<stdio.h>
void main()
{
int a,b,t;
   scanf("%d%d",&a,&b);          //输入两个整数,分别赋给变量 a 和 b
   if(a<b)
   {
      t=a;a=b;b=t;
   }
printf("%d,%d\n",a,b);
}
```

令 a=5,b=12,程序运行结果为:
12,5

在输入语句后面可以看到有"//……"符号。"//……"表示语句注释,其作用主要是为了阅读程序方便。"//……"主要是对单句或者比较短的程序进行注释。如果是一整段内容的注释,这种方法就显得非常麻烦,所以程序注释还有第二种方法,具体的符号是"/*……*/"。斜杠星号与星号斜杠之间的内容是整段的注释。

如果是/*程序*/,编译器在进行编译时将不会对其中的程序进行编译,此时相当于此处的程序被删掉一样。

注释的目的是方便他人阅读程序,同时也方便自己一段时间后再来阅读程序时能够快速地理解该程序的含义。

2.2.2 if else 语句

if else 语句的格式为:
if(表达式)
    语句 1;
else
    语句 2;

这种 if 语句形式为两路分支结构,即二选一分支结构。如果表达式的值为真,执行语句 1，否则执行语句 2。控制流程如图 2-4 所示。举例如下：

```
if(b>=0)
    a=b;
else
    a=-b;
```

执行过程为：若表达式 b>=0 为真，b 赋给 a，否则 -b 赋给 a。此语句的功能是对 b 取绝对值。

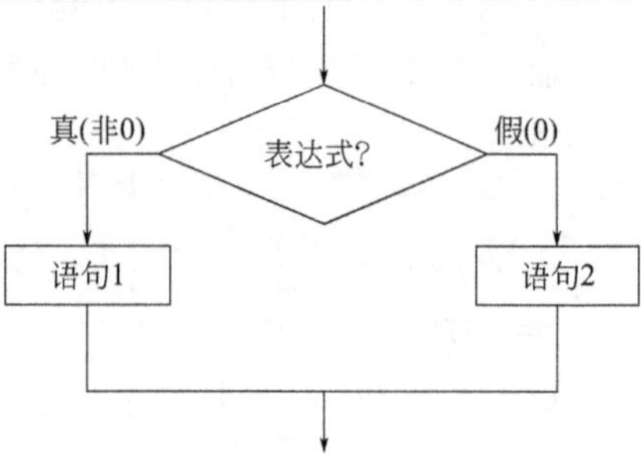

图 2-4 if else 语句控制流程图

【例 2.2】输入两个整数 a 和 b，若 a 小于 b，交换两数，并输出交换后的 a、b 值，否则输出"NO SWAP!"信息。

程序代码：

```
#include<stdio.h>
void main()
{
    int a,b,x;
    scanf("%d%d",&a,&b);
    if(a<b)
    {
        x=a;a=b;b=x;
        printf("a=%d b=%d\n",a,b);
    }
    else
        printf("NO SWAP!\n");
}
```

令 a=32，b=12 程序的执行结果是：
NO SWAP!
令 a=12，b=32，再执行，结果为：
a=32 b=12

2.2.3 else if 语句

else if 语句的格式为：

if(表达式 1)   语句 1;
else if(表达式 2)   语句 2;
    else if(表达式 3)   语句 3;
        …
        else if(表达式 n)   语句 n;
            else   语句 $n+1$;

这种 if 语句形式用于根据条件的判定，进行多路分支选择。依次计算各表达式的值，哪个表达式的值为真，则执行相应的语句，然后执行 if 的后续语句。注意，整个 if 语句中只有一个分支被执行，控制流程如图 2-5 所示。

if 语句中的最后一条 else 语句用来处理所有条件均不成立的情况，即当所有表达式的值

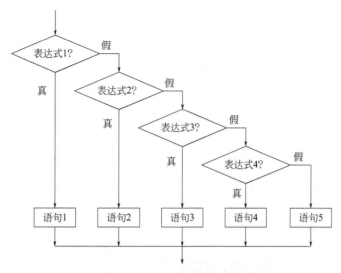

图 2-5　else if 语句控制流程图

均为假时,执行 else 后的语句。如果所有条件均不成立,不需要完成任何操作,可省略 else 子句。

例如：根据学生成绩（score）按分数分段评定等级,如果分数小于 0,则输出"Error!"信息。代码为：

```
if(score>=90)grade='A';
else if(score>=80 && score<90)grade='B';
else if(score>=70 && score<80)grade='C';
else if(score>=60 && score<70)grade='D';
else if(score>=0 && score<60)grade='E';
else printf("Error!\n");
```

2.2.4　if 语句嵌套

C 语言允许 if 语句嵌套,if 的内嵌语句可以是其他的 if 语句。

例如：在 a>=b 的条件下,判断 a、c 中的最大值：

```
if(a>=b)
  if(a>=c)
    printf("max=%d\n",a);
  else
    printf("max=%d\n",c);
```

这是在 if 流程中嵌套了 if else 流程。使用 if 语句嵌套时,应注意 if 与 else 的配套关系,以免发生二义性。

【例 2.3】求三个不相等的数 a、b、c 中最大者。

程序如下：

```
#include<stdio.h>
void main()
{
```

```
int a,b,c;
scanf("%d %d %d",&a,&b,&c);
printf("a=%d b=%d c=%d\n",a,b,c);
if(a>b)
    if(a>c)
        printf("a is the largest!\n");
    else
        printf("c is the largest!\n");
else if(b>c)
        printf("b is the largest!\n");
    else
        printf("c is thelargest!\n");
}
```

令 a=12，b=5，c=7，程序的执行结果是：
a=12，b=5，c=7
a is the largest!

令 a=5，b=12，c=7，再执行程序，执行结果为：
a=5，b=12，c=7
b is the largest!

令 a=5，b=7，c=12，再执行程度，执行结果为：
a=5，b=7，c=12
c is the largest!

2.2.5　switch 多分支语句

从 2.2.1～2.2.4 已经知道，除 else if 语句可以实现多路分支外，两路分支的 if else 流程嵌套也可以实现多分支，但是用 if 语句实现多路分支常使程序冗长，因而降低了程序的可读性。C 语言提供了 switch 语句可更加方便、直接地处理多路分支，将在项目六中具体介绍。

记一记

【知识训练】
1. 单项选择题

(1) if 语句的基本形式是"if（表达式）语句"，以下关于"表达式"值的叙述中正确的是（   ）。

　　A. 必须是逻辑值　　　　　　　　B. 必须是整数值
　　C. 必须是正数　　　　　　　　　D. 可以是任意合法的数值

(2) 下列选项中，不能看作一条语句的是（   ）。

　　A. {;}　　　　　　B. if（b==0）m=1; n=2;
　　C. if (a>0);　　　D. a=0, b=0, c=0;

(3) 在 if 嵌套语句中，为避免 else 匹配错误，C 语言规定 else 总是与（   ）组成配对关系。

　　A. 最近的 if　　　　　　　　　　B. 在其之前未配对的 if
　　C. 在其之前尚未配对的最近的 if　 D. 同一行的 if

(4) 有以下程序：

```
#include<stdio.h>
void main( )
{
    int a=2,b=-1,c=2;
    if(a<b)
        if(b<0)c=0;
    else c+=1;
    printf("%d\n",c);
}
```

程序的输出结果是（   ）。

　　A. 1　　　　　　B. 0　　　　　　C. 2　　　　　　D. 3

(5) 设有定义"int a=1, b=2, c=3;"，以下语句中执行结果与其他 3 个不同的是（   ）。

　　A. if(a>b)c=a,a=b,b=c;　　　　　B. if(a>b){c=a,a=b,b=c;}
　　C. if(a>b)c=a;a=b;b=c;　　　　　D. if(a>b){c=a;a=b;b=c;}

(6) 下列程序执行后的输出结果是（   ）。

```
#include<stdio.h>
void main( )
{ int a=5,b=60,c;
    if(a<b)
        {c=a*b;printf("%d*%d=%d\n",b,a,c);}
    else
        {c=b/a;printf("%d/%d=%d\n",b,a,c);}
}
```

　　A. 60/5=12　　　B. 300　　　C. 60*5=300　　　D. 12

2. 填空题

(1) 当 a=11, b=22, c=32 时，以下 if 语句执行后，a、b、c 的值分别为_____、

_____、_____。
```
if(a>c)
    b=a;a=c;c=b;
```
（2）以下程序的输出结果是_____。
```
#include<stdio.h>
void main()
{
    int x=1,y=0;
    if(x==y)
        printf("MYMMYMMYN\M");
    else
        printf("***");
}
```
（3）运行下面程序时，若从键盘输入"3,5"，则程序的输出结果是_____。
```
#include<stdio.h>
void main()
{
    int x,y;
    scanf("%d,%d",&x,&y);
    if(x==y)
        printf("x==y");
    else if(x>y)
        printf("x>y");
        else
            printf("x<y");
}
```

任务 2.3 循环语句

【任务描述】

在实际问题中常需要重复进行某些运算或操作，这类问题用循环控制结构来解决，例如统计学生成绩、迭代求根、若干数求和等，几乎任何实用程序都包含了循环结构。本次任务，主要完成 for 循环、while 循环和 do while 循环的讲解。

【相关知识】

2.3.1 for 语句

for 语句的格式为：
for(表达式 1;表达式 2;表达式 3)
{语句(内部可为空)}

其中，表达式 1 一般为赋值表达式，为循环控制变量赋初值；表达式 2 一般为关系表达式或逻辑表达式,作为控制循环结束的条件;表达式3一般为赋值表达式,为循环控制变量的增量或减量。for中的语句为循环体,可以是单语句,也可以是复合语句。

执行过程如下:

第1步,求解一次表达式1。

第2步,求解表达式2,若其值为真(非0即为真),则执行for中循环体语句,然后执行第3步;否则结束for语句,直接跳出,不再执行第3步。

第3步,求解表达式3。

第4步,跳到第2步重复执行。

需要注意的是,三个表达式之间必须用分号隔开。控制流程如图2-6所示。

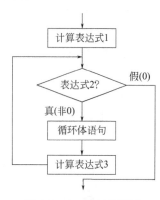

图2-6 for语句流程图

【例2.4】计算 $1+2+3+\cdots+100$。

```
#include<stdio.h>
void main()
{
int i,sum;
sum=0;
for(i=l;i<=100;i++)
    sum=sum+i;
printf("sum=%d\n",sum);
}
```

上述语句给循环控制变量i赋初值1,当i<=100时,将i的值累加到求和变量sum中,每完成一次累加运算,i的值增1,直到i的值大于100时,循环累加才结束。

(1) 常见的编程错误

① 在for循环中,循环执行的次数比期望值多一次或少一次,应特别注意用于控制循环变量的初值和终止值。

② 将一个分号放在for语句的末尾,将产生一个什么都不做的空循环。如:

for(i=1;i<=10;i++);   /*空循环*/

③ 误用逗号而不是分号分开for语句中的各项表达式。

(2) 注意事项

使用for语句时应注意下面几点,以便更灵活地使用语句。

① for语句的任何一个表达式都可省略,但不能省略分号";",省略表达式后,使for语句有以下几种变化形式,增强了它的灵活性和实用性。

a. 省略表达式1。若循环控制变量的初始值不是预先已知的常量,而是通过前面程序的某种操作或计算得到,则可省略表达式1。例如:

i=(value1+value2)%8;

for(;i<=50;i++)

　{循环体;}

b. 省略表达式3。当循环体内含有修改循环控制变量的语句,并能保证循环正常结束时,可省略表达式3,例如:

```
for(i=0;i!=234; )
    scanf("%d",&i);
```
此循环结构读入若干整型数,直到读入的数字为 234 时结束循环。

c. 省略所有表达式。当 for 语句中没有表达式 2 时,编译程序将解释为表达式 2 的值为 1,循环判定条件为真,循环将无限进行下去,称为死循环,例如:

```
for( ; ; )
{循环体;}
```

实用程序不应出现死循环。循环体内应有某些语句能使循环达到终止条件,正常退出循环。例如:

```
for( ; ; )
{
    语句段;
    scanf("%c",&ch);
    if(ch=='*')break;
}
```

当程序循环到读入一个字符'*'时,执行 break 语句退出循环。

② for 语句中可应用逗号表达式,使两个或多个控制变量同时控制循环。设 value 在前面的程序中已赋为某一正整型值,举例如下:

```
for(i=0,j=value;i<j;i++,j-- )
    {循环体}
```

表达式 1 和表达式 3 均为逗号表达式。表达式 1 同时为 i、j 赋初值,表达式 3 对 i 增 1、对 j 减 1,当 i 大于等于 j 时,循环结束。

③ C 语言的 for 语句允许在循环体内改变循环控制变量的值。输入若干数并求和,直到和值大于等于 3000 或输入数字个数等于 100 时为止,举例如下:

```
sum=0;
for(count=1;count<=100;count++)
{
scanf("%d",&number);
sum=sum+ number;
if(sum>=3000)
    count=100;
}
```

若输入数据为:

23 45 67 2900 34 67

当程序读入 2900 后,sum 的值大于 3000,循环控制变量 count 的值被循环体的语句赋值为 100,达到循环终止条件,循环结束。

2.3.2 while 语句

while 语句又称为当语句,while 语句是最基本的循环语句,程序常用于根据条件执行操作而不需关心循环次数的情况。while 语句的格式为:

```
while(表达式)
{
    语句;
}
```

这里语句为循环体,控制流程如图 2-7。

while 语句可以用在循环次数未知的情况,执行过程如下:

① 首先对条件表达式进行判断,若判断结果为假(false 或 0),则跳过循环体,执行 while 结构后面的语句。

② 若判断结果为真(true 或非 0),则进入循环体,执行其中的语句序列。

③ 执行完一次循环体语句后,修改循环变量,再对条件表达式进行判断,若判断结果为真,则再执行一次循环体语句,直到判断结果为假时,退出 while 循环语句,转而执行后面的语句,即"先判断后执行"。

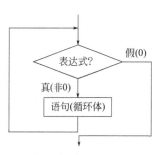

图 2-7 while 循环语句流程图

【例 2.5】用 while 循环求 1+2+3+…+100 的值。

程序如下:

```
#include<stdio.h>
void main()
{
    int i=1,sum=0;
    while(i<=100)
        {
            sum=sum+i;
            i++;
        }
    printf("sum=%d\n",sum);
}
```

2.3.3 do while 循环语句

除了 while 语句外,C 语言还提供了 do while 语句来实现循环结构,其语句格式为:

```
do
语句;
while(表达式);
```

这里语句为循环体。执行过程为:首先执行一次循环体,然后再计算表达式,如果表达式的值为真,则再执行一次循环体。重复上述操作直到表达式的值为假时,退出循环。控制流程见图 2-8。

do while 语句可实现一种"后判定"循环结构。do while 语句与 while 语句不同之处是:先执行循环体,后判断条件,因此无论条件是否成立,将至少执行一次循环。而 while 语句先判断条件,后执行循环体,因此可能一次循环也不执行。

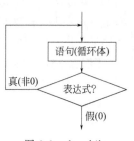

图 2-8 do while 循环语句流程图

跳过输入的任意多个空格字符，读入一个非空格字符，举例如下：
```
do
    {
        scanf("%c",&ch);
    }
while(ch==' ');
```
程序首先读入一个字符，如果为空格，继续读入字符直到读入一个非空格字符时退出循环。

以上功能也可用 while 语句实现：
```
scanf("%c",&ch);
while(ch==' ')
{
    scanf("%c",&ch);
}
```
在循环之前，先读入一个字符，为循环控制变量赋初值，如果读入的字符为空格字符，继续循环读入下一个字符，直到读入非空格字符时退出循环。但若读入的第一个字符为非空格字符时，则一次循环也不执行。

当循环体为单语句时，可不加大括号，但为使程序清晰易读，通常加上大括号。

【例 2.6】用 do while 循环求 $1+2+3+\cdots+100$ 的值。

示例程序如下：
```
#include<stdio.h>
void main( )
{
    int i=1,sum=0;
    do
      {
        sum=sum+i;
        i++;
      }while(i<=100);
    printf("sum=%d\n",sum);
}
```
从例 2.5 和例 2.6 可以看出，对同一个问题，可以用 while 语句处理，也可以用 do while 语句处理。do while 语句结构可以转换成 while 结构。在一般情况下，用 while 语句和用 do while 语句处理同一问题时，若二者的循环体部分是一样的，那么结果也一样。但是如果 while 后面的表达式一开始就为假（0 值），两种循环的结果是不同的。

【例 2.7】while 和 do while 循环的比较。
① 用 while 循环：
```
#include<stdio.h>
void main( )
int i,sum=0;
printf("please enter i,i=? ");
```

```
    scanf("%d",&i);
    while(i<=10)
    {
        sum=sum+i;
        i++;
    }
    printf("sum=%d\n",sum);
}
```
运行结果（两次）：
please enter i,i=? 1
sum=55
please enter i,i=? 11
sum=0

② 用 do while 循环：
```
#include<stdio.h>
void main()
int i,sum=0;
printf("please enter i,i=? ");
scanf("%d",&i);
do
{
    sum=sum+i;
    i++;
}
while(i<=10);
printf("sum=%d\n",sum);
}
```
运行结果（两次）：
please enter i,i=? 1
sum=55
please enter i,i=? 11
sum=11

可以看到，当输入 i 的值小于或等于 10 时，二者得到结果相同。而当 i>10 时，二者结果就不同了。这是因为此时对 while 循环来说，一次也不执行循环体（表达式"i<=10"的值为假），而对 do while 循环语句来说则至少要执行一次循环体。可以得到结论：当 while 后面的表达式的第 1 次的值为"真"时，两种循环得到的结果相同；否则，二者结果不相同（指二者具有相同的循环体的情况）。

记一记

【知识训练】
1. 单项选择题
(1) 有以下程序段:
int i,j,m=0;
for(i=1;i<=5;i+=4)
    for(j=3;j<=19;j+=4)
        m++;
printf("%d\n",m);
程序段的输出结果是(   )。
A. 12　　　　　　B. 15　　　　　　C. 10　　　　　　D. 25
(2) 有以下程序:
#include<stdio.h>
void main( )
{
    int x=23;
    do{
        printf("%d",x--);
    }while(!x);
}
程序的输出结果是(   )。
A. 321　　　　　　B. 23　　　　　　C. 不输出任何内容　　D. 死循环
(3) 有以下程序:
#include<stdio.h>
void main( )
{
    int i,sum;
    for(i=1;i<6;i++)
        sum+=sum;
    printf("%d\n",sum;)
}
程序的输出结果是(   )。

A. 15　　　　　　　　B. 14　　　　　　　C. 不确定　　　　　D. 0

（4）下列 for 语句的执行次数是（　　）。
for(i=0,j=0;!j&&i<=5;i++)j++;

A. 5　　　　　　　　B. 6　　　　　　　　C. 1　　　　　　　D. 死循环

（5）以下程序段（　　）。
```
x=-1;
   do
   {
      x=x*x;
   }while(!x);
```
A. 是死循环　　　　B. 循环执行两次　　C. 循环执行一次　　D. 有语法错误

（6）对下面程序段描述正确的是（　　）。
```
int x=0,s=0;
while(!x!=0)s+=++x;
printf("%d",s);
```
A. 运行程序段后输出 0　　　　　　　　B. 运行程序段后输出 1
C. 程序段中的控制表达式是非法的　　　D. 程序段循环无数次

2. 填空题

（1）以下程序的输出结果是＿＿＿＿＿＿。
```
#include<stdio.h>
void main()
{
    int x=2;
    while(x--);
    printf("%d\n",x);
}
```

（2）以下程序段的输出结果是＿＿＿＿＿＿。
```
int i=0,sum=1;
do{
    sum+=i++;
}while(i<5);
printf("%d\n",sum);
```

（3）下面程序段中，循环体的执行次数是＿＿＿＿＿＿。
```
int a=10,b=0;
do {b+=2;a-=2+b;}while(a>=0);
```

（4）以下循环体的执行次数是＿＿＿＿＿＿。
```
#include<stdio.h>
void main()
 { int i,j;
    for(i=0,j=1; i<=j+1; i+=2,j-- )
       printf("%d\n",i);
```

}
(5) 执行下面程序段后,k 的值是_____。
```
int i,j,k;
for(i=0,j=10; i<j; i++,j-- )
    k=i+j;
```

任务 2.4 数 组

【任务描述】

本任务主要通过案例来了解并掌握一维数组、二维数组和字符数组的定义、初始化和引用方法。

【相关知识】

在实际应用中,为了处理方便,把具有相同类型的若干变量按有序的形式组织起来,在使用过程中,需要保留其原始数据,比如采集一段时间内某个设备的温度数据,这些按序排列的数据元素的集合称为数组。

在 C 语言中数组属于构造数据类型。一个数组可以分解为多个数组元素,这些数组元素可以是基本数据类型或是构造类型,主要解决现实中许多需要处理大量数据的问题。数组按照数据的维数分为一维数组和二维数组及多维数组;数组按数据的类型又可分为数值数组、字符数组、指针数组、结构数组等各种类别。

如何声明或定义一个数组、如何访问数组、如何输入输出数组元素的值,这些属于概念性的内容,必须记忆和理解。

2.4.1 一维数组

(1) 一维数组的定义

一维数组的定义格式为:

类型说明符 数组名[常量表达式];

其中,类型说明符是任意一种基本数据类型或构造数据类型。数组名是用户定义的数组标识符。方括号中的常量表达式表示数据元素的个数,也称为数组的长度。例如:

unsigned char ch[20];

说明字符数组 ch 有 20 个元素。

unsigned float b[10],c[20];

说明实型数组 b 有 10 个元素,实型数组 c 有 20 个元素。

对于数组类型说明应注意以下几点:

① 数组的类型实际上是指数组元素的取值类型。对于同一个数组,其所有元素的数据类型都是相同的。

② 数组名的书写规则应符合标识符的书写规定,即由字母、数字和下画线组成,开头不能为数字。

③ 数组名不能与其他变量名相同。例如:

main( )

```
{
unsigned int a;
unsigned float a[10];
……
}
```

程序中出现同名的变量和数组是错误的。

④ 方括号中常量表达式表示数组元素的个数，如 a[5] 表示数组 a 有 5 个元素，但是其下标从 0 开始计算，因此，5 个元素分别为 a[0]、a[1]、a[2]、a[3]、a[4]。

⑤ 不能在方括号中用变量来表示元素的个数，但是可以是符号常数或常量表达式。例如：

```
#define FD 5
main( )
{
unsigned int a[3+2],b[7+FD];
……
}
```

是合法的。但是下述说明方式是错误的。

```
main( )
{
unsigned int n=5;
unsigned int a[n];
……
}
```

⑥ 允许在同一个类型说明中说明多个数组和多个变量。例如：

unsigned int a,b,c,d,k1[10],k2[20];

（2）一维数组的初始化

对于数组元素，可直接在定义时初始化。

① 给全部数组元素赋初值。将数组元素的初值依次放在一对花括号内，初值之间用逗号分隔。例如下面的语句：

int score[3]={78,89,98};

定义了有 3 个元素的数组 score，同时为数组 score 的各个元素赋初值。数组 score 的各下标变量的值如表 2-3 所示。

表 2-3　score 数组的下标变量与对应值的关系（1）

下标变量（数组元素）	score[0]	score[1]	score[2]
值	78	89	98

② 给部分元素赋初值。当所赋初值的个数少于数组元素的个数时，C 语言将会自动给后面的元素补上初值 0。例如下面的语句：

int score[5]={78,89,98};

定义了有 5 个元素的数组 score，同时为数组 score 的各个元素赋初值。数组元素的值如表 2-4

表 2-4　score 数组的下标变量与对应值的关系（2）

下标变量(数组元素)	score[0]	score[1]	score[2]	score[3]	score[4]
值	78	89	98	0	0

如果要将 score 数组的所有元素的值都初始化为 0，则可以使用：
int score[10]={0};
这条语句定义了有 10 个元素的数组 score，同时为 score 数组的所有元素赋初值 0。
③ 当所赋初值的个数大于数组长度时，则出错。
④ 当所赋初值的个数与数组长度相等时，在定义时，可以忽略数组的大小，如：
int score[]={78,89,98};
与语句：
int score[3]={78,89,98};
的作用相同，即可以通过初值的个数来确定数组的大小。

（3）一维数组元素的引用

在定义数组并对其中各元素赋值后，就可以引用数组中的元素。应注意：只能引用数组元素而不能一次整体调用整个数组全部元素。引用数组元素的表示形式为：

数组名[下标]

例如，a[0] 就是数组 a 中序号为 0 的元素，它和一个简单变量的地位和作用相似。"下标"可以是整型常量或整型表达式。例如下面的赋值表达式包含了对数组元素的引用：

a[0]=a[5]+a[7]- a[2*3];

每一个数组元素都代表一个数值。

注意：定义数组时用到的"数组名［常量表达式］"和引用数组元素时用的"数组名［下标］"形式相同，但含义不同。例如：

int a[10];　　/*这里的 a[10]表示的是定义数组时指定数组包含 10 个元素 */
t=a[6];　　　/*这里的 a[6]表示引用 a 数组中序号为 6 的元素 */

需要说明如下几点：
① 引用数组元素时，下标可以是整型常数、已经赋值的整型变量或整型表达式。
② 数组元素本身可以看作是同一个类型的单个变量，因此对变量可以进行的操作同样也适用于数组元素，也就是数组元素可以在任何相同类型变量可以使用的位置引用。
③ 引用数组元素时，下标不能越界，否则结果难以预料。

【例 2.8】编写程序，定义一个含有 30 个元素的整型数组，按顺序分别赋予从 2 开始的偶数，然后按每行 10 个数据输出。

程序代码如下：

```
# include<stdio.h>
void main( )
{
    int a [30],i,k=2;
    for(i=0; i<30; i++)
```

```
            {
                a[i]="k";
                k+=2;
                printf("%4d",a[i]);
                if((i+1)%10==0)
                    printf("\n");
            }
}
```
程序的运行结果如下：
2 4 6 8 10 12 14 16 18 20
22 24 26 28 30 32 34 36 38 40
42 44 46 48 50 52 54 56 58 60

2.4.2 二维数组

前面介绍的数组只有一个下标，称为一维数组，其数组元素也称为单下标变量。在实际问题中有很多量是二维的或多维的，因此 C 语言允许构造多维数组。多维数组元素有多个下标，以标识它在数组中的位置，所以也称为多下标变量。这里只介绍二维数组，多维数组可由二维类推得到。

（1）二维数组元素的定义

二维数组定义的一般形式为：

类型说明符 数组名[常量表达式 1][常量表达式 2];

其中，常量表达式 1 表示第一维下标的长度；常量表达式 2 表示第二维下标的长度。例如：

    int a[3][4];

说明了一个三行四列的数组，数组名为 a，其下标变量的类型为整型。该数组的下标变量共有 3×4 组：

a[0][0],a[0][1],a[0][2],a[0][3]
a[1][0],a[1][1],a[1][2],a[1][3]
a[2][0],a[2][1],a[2][2],a[2][3]

（2）二维数组的初始化

由于二维数组是按行存储的，因此二维数组的初始化也是按行进行的。

① 对二维数组的全部元素赋初始值。以下面为例，可在定义时就将二维数组所描述的数值赋给变量 ice：

    int ice[5][7]={{0,1,1,2,1,2,1},
                   {1,4,2,1,4,3,1},
                   {2,5,3,5,2,2,3},
                   {2,3,4,1,2,1,0},
                   {1,0,3,0,1,0,0}};

在上面的程序中，赋初值是按 5 个一维数组的顺序依次进行的。最先给 ice[0] 的 7 个元素按序号赋值，然后给 ice[1] 的 7 个元素依次赋值，依此类推。赋过初值的二维数组 ice 中的元素如表 2-5 所示。

表 2-5 赋过初值的二维数组 ice

ice[5][7]	[0]	[1]	[2]	[3]	[4]	[5]	[6]
ice[0]	0	1	1	2	1	2	1
ice[1]	1	4	2	1	4	3	1
ice[2]	2	5	3	5	2	2	3
ice[3]	2	3	4	1	2	1	0
ice[4]	1	0	3	0	1	0	0

另外，可以对 ice 按行连续赋初值：

int ice[5][7]={0,1,1,2,1,2,1,1,4,2,1,4,3,1,2,5,3,5,2,2,3,2,3,4,1,2,1,0,1,0,3,0,1,0,0};

这与前面赋初值时将初值按行用 {} 括起完全等价，但将初值按行括起的方式更清晰明了，可读性更好，也更不容易出错。

② 部分赋初值。与一维数组相同，如果对二维数组部分赋初值，则剩余元素的值也将被初始为 0。例如：

int a[3][3]={{1},{2,3}};

赋值后的元素值为 1，0，0，2，3，0，0，0，0。

例如：

int a[3][3]={1,2,3};

赋值后的元素值为 1，2，3，0，0，0，0，0，0。

③ 在对数组的全部元素赋初值时，C 语言规定可以省略第一维的长度，但不能省略第二维的长度。例如：

int a[2][2]={1,2,3,4};

可以写成：

int a[ ][2]={1,2,3,4};

C 语言会自动确定 a 的第一维的长度。但不能写成：

int a[2][ ]={1,2,3,4};

(3) 二维数组元素的引用

二维数组元素的表示形式为：

数组名[下标][下标]

例如 a[2][3] 表示 a 数组中序号为 2 的行中序号为 3 的列的元素。下标可以是整型表达式，如 a[2−1][2*2−1]，不要写成 a[2,3]、a[2−1,2*2−1]。

数组元素可以出现在表达式中，也可以被赋值，例如：

b[1][2]=a[2][3]/2;

注意：在引用数组元素时，下标值应在已定义的数组大小的范围内。在这个问题上常出现错误。例如：

int a[3][4];   /*定义 a 为 3×4 的二维数组*/
a[3][4]=3;   /*不存在 a[3][4]元素 */

按以上的定义，数组 a 可用的"行下标"的范围为 0～2，"列下标"的范围为 0～3。用

a[3][4]表示元素显然超过了数组的范围。

请读者严格区分在定义数组时的 a[3][4] 和引用元素时的 a[3][4] 的区别。前者用 a[3][4] 来定义数组的维数和各维的大小,后者 a[3][4] 中的 3 和 4 是数组元素的下标值,a[3][4] 代表行序号为 3、列序号为 4 的元素(行序号和列序号均从 0 起算)。

二维数组的操作一般由二重 for 循环(行循环、列循环)来完成。

【例 2.9】设有一个 3 行 4 列的二维数组 a,编写程序,通过键盘输入数组元素,然后计算每行元素的平均值并输出。编程要点如下:

① 使用二重循环进行数组元素的输入。

② 每行的平均值可以存放在另一个一维实型数组 ave[3] 中。

程序代码如下:

```
# include<stdio.h>
void main( )
{
    int a[3][4],i,j,s;
    float ave [3]={0};
    printf("Input data:\n");
    for(i=0;i<3;i++)              /*0,1,2行*/
        for(j=0;j<4;j++)          /*0,1,2,3列*/
            scanf("% d",&a[i][j]);
    for(i=0;i<3;i++)
      {
        s=0;
        for(j=0;j<4;j++)
            s=s+ a [i][j];
        ave [i]=s/4.0;
      }
    printf("Array a:\n");
    for(i=0;i<3;i++)
    {
        for(j=0;j<4;j++)
            printf("% 6d",a [i][j]);
        printf("\n");
    }
    printf("Average:\n");
    for(i=0;i<3;i++)
        printf("% 6.2f",ave [i]);
}
```

程序运行结果如下:

Input data:

1 2 3 4 12 34 55 66 6 7 8 9↓

Array a:

```
 1    2    3    4
12   34   55   66
 6    7    8    9
```
Average:
2.50   41.75   7.50

2.4.3 字符数组

在程序设计中，字符串的处理是非常有用的。比如一篇文章以文件的形式存在计算机中，如果要统计这篇文章有多少个单词，或者查找有没有出现某个关键词，就需要学习字符串的处理技术，还要用到 C 函数库中提供的字符串处理函数。

在 C 语言里，没有提供专门的字符串类型，所以需要使用字符数组来处理字符串。字符数组是最常用的一维数组，因为 C 语言经常用它来书写与字符或字符序列处理有关的程序。字符数组是以字符作为元素的数组，可用于存储和处理字符型数据。字符数组中一个元素存放一个字符。

(1) 字符数组元素的定义

字符数组也是数组，它的定义、初始化及使用均与普通数组相同。例如：

char c1[10];

c1[0]='l';c1[1]=' ';c1[2]='a';c1[3]='m';c1[4]=' ';c1[5]='h';c1[6]='a';c1[7]='p';c1[8]='p';c1[9]='y';

定义了 c1 为字符数组，包含 10 个元素。赋值以后数组的状态如图 2-9 所示。

由于字符型数据是以整数形式（ASCII 代码）存放的，因此也可以用整型数组存放字符数据，例如：

int c1[10];

c1[0]='a';   /*合法，但浪费存储空间*/

(2) 字符数组的初始化

对字符数组初始化，最容易理解的方式是用"初始化列表"，把各个字符依次赋给数组中各元素。例如：

char c1[10]={'l',' ','a','m',' ','h','a','p','p','y'};

把 10 个字符依次分别赋给 c[0]～c[9] 这 10 个元素。

如果在定义字符数组时不进行初始化，则数组中各元素的值是不可预料的。如果花括号中提供的初值个数（即字符个数）大于数组长度，则出现语法错误。如果初值个数小于数组长度，则只将这些字符赋给数组中前面那些元素，其余的元素自动定为空字符（即'\0'）。例如：

char c2[10]={'c',' ','p','r','o','g','r','a','m'};

数组状态如图 2-10 所示。

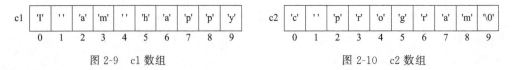

图 2-9　c1 数组　　　　　　　　图 2-10　c2 数组

如果提供的初值个数与预定的数组长度相同，在定义时可以省略数组长度，系统会自动根据初值个数确定数组长度，例如：

char c2[ ]={'c',' ','p','r','o','g','r','a','m'};

数组 c2 的长度自动定为 9，用这种方式可以不必人工去数字符的个数，尤其在赋初值的字符个数较多时，比较方便。

(3) 字符数组的引用

字符数组的引用与一般数组相同，其语法格式如下：

数组名[下标]

下标应为整型，并保证下标不越界。可以引用字符数组中的一个元素，得到一个字符。

【例 2.10】 输出一个已知的字符串。

解题思路：先定义一个字符数组，并用"初始化列表"对其赋以初值。然后用循环逐个输出此字符数组中的字符。

编写程序：

```
# include<stdio.h>
void main( )
{
    char c [15]={'I',' ','a','m',' ','a',' ','s','t','u','d','e','n','t','.'};
    int i;
    for(i=0;i<15;i++)
        printf("%c",c[i]);
    printf("\n");
}
```

运行结果为：

I am a student.

(4) 字符串和字符串结束标记

在 C 语言中，是将字符串作为字符数组来处理的。例 2.10 就是用一个一维的字符数组来存放字符串"I am a student."的，字符串中的字符是逐个存放到数组元素中的。在该例中，字符串的实际长度与数组长度相等。

在实际工作中，人们关心的往往是字符串的有效长度而不是字符数组的长度。例如，定义一个字符数组长度为 100，而实际有效字符只有 40 个。为了测定字符串的实际长度，C 语言规定了一个"字符串结束标志"——以字符'\0'作为结束标志。如果字符数组中存有若干字符，前面 9 个字符都不是空字符 ('\0')，而第 10 个字符是'\0'，则认为数组中有一个字符串，其有效字符为 9 个。也就是说，在遇到字符'\0'时，表示字符串结束，把它前面的字符组成一个字符串。

C 系统在用字符数组存储字符串常量时会自动加一个'\0'作为结束符。例如："C program" 共有 9 个字符，字符串是存放在一维数组中的，在数组中它占 10 个字节，最后一个字节'\0'是由系统自动加上的。

有了结束标志'\0'后，字符数组的长度就显得不那么重要了。在程序中往往依靠检测'\0'的位置来判定字符串是否结束，而不是根据数组的长度来决定字符串长度。当然，在定义字符数组时应估计实际字符串长度，保证数组长度始终大于字符串实际长度。如果在一个字符数组中先后存放多个不同长度的字符串,则应使数组长度大于最长的字符串的长度。

说明:'\0'代表 ASCII 码为 0 的字符,从 ASCII 码表中可以查到,ASCII 码为 0 的字符不是一个可以显示的字符,而是一个"空操作符",即它什么也不做。用它来作为字符串结束标志不会产生附加的操作或增加有效字符,只起一个供辨别的标志。

下面来分析一下下面这个字符串:

printf("How do you do? \n");

在执行此语句时系统怎么知道应该输出到哪里为止呢?实际上,在向内存中存储时,系统自动在最后一个字符'\n'的后面加了一个'\0',作为字符串结束标志。在执行 printf 函数时,每输出一个字符检查一次,看下一个字符是否'\0',遇'\0'就停止输出。

对 C 语言处理字符串的方法有以上的了解后,再对字符数组初始化的方法补充一种方法,即用字符串常量来使字符数组初始化。例如:

char c3[5]="girl";

定义了一个长度为 5 的字符数组 c3,其下标变量对应的值如图 2-11 所示。

在用字符串初始化字符数组时,如果在定义时字符数组的最大字符数比初始化的字符个数大,则在内存中自动为多余的元素赋初值'\0'。例如:

char c4[10]="girl";

对应的字符数组 c4 如图 2-12 所示。

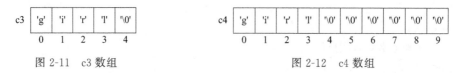

图 2-11　c3 数组　　　　　　　　图 2-12　c4 数组

如果初始化时字符数组的长度小于或等于字符串的字符数,则会产生错误。为避免这种错误,可用下面方式定义:

char c5[ ]="girl";

这种方式省略了数组的长度,C 语言会根据初始化字符串的长度自动补上数组的长度,比如 c5 的长度即为 5。这条语句与前面对 c3 的定义是等价的。

当然,在使用字符数组时,也必须注意它的下标越界的问题。比如下面的程序就可能在运行中产生错误,但系统并不会提示这个错误。如:

#include<stdio.h>
void main( )
{
char word[]="tree";
word[4]='s';
word[5]='\0';   /*下标 5 越界*/
printf("%s\n",word);
}

(5) 字符数组的输入输出

字符数组的输入输出有以下两种方式:一种是像一般数组一样,一个一个元素地依次使用%c 格式进行输入或输出,但使用起来很不方便。另一种通常是将整个字符数组作为一个整体来进行输入或输出的,为此要使用 scanf 函数和 printf 函数的%s 格式。此外,C 语言还提供了 gets 和 puts 两个函数,可以更方便地进行字符串的输入或输出。

① 使用 scanf 函数和 gets 函数输入字符串。要使用 scanf 函数输入字符串,需要在 scanf 的格式字符串中使用%s 参数,例如:

scanf("%s",word);

用于从键盘输入一个字符串,存储到 word 数组中,该字符串从第一个非空白的字符开始,到字符串遇到的第一个空白字符(空格、制表符或换行符)为止,系统自动为这个字符串加上'\0'结束标志。当然,也可以一次输入多个字符串,例如:

scanf("%s%s",word,wordl);

用于从键盘输入两个字符串,分别存储到 word 和 wordl 数组中,这两个字符串之间用空白字符分隔。

另外,也可以用 gets 函数来输入一个字符串,其一般形式为:

gets(字符数组名);

作用是从终端输入一个字符串到字符数组,例如:

gets(word);

用于从键盘输入一个字符串存储到 word 数组中,该字符串由换行符以前的所有字符组成,系统也会自动为这个字符串加上'\0'结束标志。

② 使用 printf 函数和 puts 函数输出字符串。使用 printf 函数输出字符串,也需要使用%s 格式,例如:

printf("%s",word);

将字符数组 word 以字符串的形式输出。输出时,第一次遇到结束标记'\0'就停止输出,而不管其后还有没有别的字符。

当然也可以一次输出多个字符串,例如:

char word[ ]="abc",wordl[ ]="def";

printf("%s%s",word,wordl);

输出结果为:

abcdef

另外,也可以使用 puts 函数来输出一个字符串,其格式为:

puts(字符数组名)

其作用是将一个字符串输出到终端,并在输出时将字符串结束标记'\0'转换成'\n',即输出完字符串后换行,如:

char word[ ]="abc",wordl[ ]="def";

puts(word); puts(wordl);

的输出结果为:

abc

def

注意:在使用 printf 函数输出字符数组的值时,字符数组必须以'\0'结束,否则可能会显示很多乱字符。这是因为 C 语言在用 printf 的%s 格式输出字符数组的值时,系统会从字符数组的第一个元素开始依次输出字符,直到遇到终止字符'\0'才会结束输出。

对于没有使用'\0'结束的字符数组,要想正确输出,必须像其他类型的一维数组一样,使用循环依次输出其各个数组元素。

记一记

【知识训练】
1. 单项选择题

(1) 若有定义"int a[10];",则对数组元素的正确引用的是(　　)。
   A. a[10]　　　　B. a[5]　　　　C. a(5)　　　　D. a[11]

(2) 对字符数组进行初始化,(　　)形式是错误的。
   A. char c1[]={'1','2','3'};
   B. char c2[]=123;
   C. char c3[]={'1','2','3','\0'};
   D. char c4[]="123";

(3) 下列数组定义合法的是(　　)。
   A. int a[]={"string"};
   B. int a[]={0,1,2,3,4};
   C. char str[6]="string";
   D. int a[2][]={{1,2},{3,4}};

(4) 给出以下定义:
   char x[]="abcdefg";
   char y[]={'a','b','c','d','e','f','g'};
则正确的叙述为(　　)。
   A. 数组 x 和数组 y 等价
   B. 数组 x 和数组 y 的长度相同
   C. 数组 x 的长度大于数组 y 的长度
   D. 数组 x 的长度小于数组 y 的长度

(5) 若有说明"char c[10]={'E','a','s','t','\0'};",则下述说法中正确的是(　　)。
   A. c[7] 不可引用
   B. c[6] 可引用,但值不确定
   C. c[4] 不可引用
   D. c[4] 可引用,其值为空字符

2. 填空题

(1) 运行下面程序段的输出结果是_____。
```
char  s1[10]={'S','e','t','\0','u','p','\0'};
printf("%s",s1);
```

(2) 以下程序输出的结果是_____。
```
#include<stdio.h>
void main()
{ int a[]={5,4,3,2,1},i,j;
  long s=0;
  for(i=0;i<5;i++)    s=s*10+a[i];
```

printf("s=%ld\n",s);}
(3) 定义如下变量和数组：
   int i;
   int x[4][4]={1,2,3,4,5,6,7,8,9,10,11,12,13,14,15,16};
   则下面语句的输出结果是_____。
   for(i=0;i<4;i++)
   printf("%3d",x[i][3-i]);
(4) 以下程序输出的结果是_____。
   #include<stdio.h>
   void main()
   { int a[]={5,4,3,2,1},i,j;
     long s=0;
     for(i=0;i<5;i++)   s=s*10+a[i];
     printf("s=%ld\n",s);}
(5) 以下程序的输出结果是_____。
   #include<stdio.h>
   void main()
   { int i,a[10];
     for(i=9;i>=0;i--)   a[i]=10-i;
     printf("%d%d%d",a[2],a[5],a[8]);
   }

任务 2.5　函　　数

【任务描述】
本任务主要通过案例来了解并掌握函数的定义、调用和声明方法。
【相关知识】

2.5.1　函数的概念

一般来说，人们在求解一个复杂的问题时，通常采用逐步分解、分而治之的方法。也就是把一个大问题分解为几个比较容易求解的小问题，然后分别求解。程序员在设计复杂的应用程序时，往往可以把一个复杂任务分解成为若干个易于解决的小任务，把完成整个任务的程序划分为若干个功能较为单一的程序模块，每个模块完成一项小任务。然后分别实现这些模块，最后再把所有的程序模块像搭积木一样搭起来。这种在程序设计中分而治之的策略，被称为模块化程序设计方法或结构化程序设计方法。

在 C 语言中，把能完成小任务的某一独立功能的子程序，即程序模块，称为函数。通过函数，充分体现结构化程序设计"自顶向下，逐步求精"的设计思想。一个 C 程序由若干个函数构成，每个函数都是独立定义的模块。函数之间可以相互调用。在 C 程序的若干函数中，有一个称为 main 的函数，是程序执行的入口，它可以调用其他函数，但不可以被调用。而其他一般函数既可以调用也可以被调用。

2.5.2 函数的分类

在C语言中可从不同的角度对函数分类。

从函数定义的角度看，可分为标准库函数和用户自定义函数两种。

① 标准库函数：由系统所提供的库函数，都是完成一些通用功能的函数。系统预定义的库函数（如一些常用的数学计算函数、字符串处理函数、图形处理函数、标准输入输出函数等）都按功能分类，集中说明在不同的头文件中。用户只需在自己的程序中包含某个头文件，就可以直接使用该文件中定义的函数。但要求在调用前使用编译预处理命令include将对应的头文件包含进来。如在"#include<math.h>"后，可以使用sqrt这个函数。

② 用户自定义函数：在实际的程序设计中，用户还需要编写大量完成特殊功能的函数，称为用户自定义函数。由用户自定义的函数与系统预定义的标准库函数的不同点在于，自定义函数的函数名、参数个数、函数返回值类型以及函数所实现的功能都全完由用户程序来规定。

C语言的函数兼有其他语言中的函数和过程两种功能，从这个角度看，又可把函数分为有返回值函数和无返回值函数两种。

① 有返回值函数：此类函数被调用执行完后将向调用者返回一个执行结果，称为函数返回值，如数学函数即属于此类函数。由用户定义的这种要返回函数值的函数，必须在函数定义和函数说明中明确返回值的类型。

② 无返回值函数：此类函数用于完成某项特定的处理任务，执行完成后不向调用者返回函数值。这类函数类似于其他语言的过程。由于函数无需返回值，用户在定义此类函数时可指定它的返回值为"空类型"，空类型的说明符为"void"。

从主调函数和被调函数之间数据传送的角度看，又可分为无参函数和有参函数两种。

① 无参函数：函数的定义、函数说明及函数调用中均不带参数。主调函数和被调函数之间不进行参数传送。此类函数通常用来完成一组指定的功能，可以返回或不返回函数值。

② 有参函数：也称为带参函数。在函数定义及函数说明时都有参数，称为形式参数（简称形参）。在函数调用时也必须给出参数，称为实际参数（简称实参）。进行函数调用时，主调函数将把实参的值传送给形参，供被调函数使用。

应该指出的是，在C语言中，所有的函数定义，包括主函数main在内，都是平行的。也就是说，在一个函数的函数体内，不能再定义另一个函数，即不能嵌套定义。但是函数之间允许相互调用，也允许嵌套调用。习惯上把调用者称为主调函数。函数还可以自己调用自己，称为递归调用。

main函数是主函数，它可以调用其他函数，而不允许被其他函数调用。因此，C程序的执行总是从main函数开始，完成对其他函数的调用后再返回到main函数，最后由main函数结束整个程序。一个C程序必须有，也只能有一个主函数。

2.5.3 函数的定义

C语言规定，程序中所有函数必须遵循"先定义，后使用"的原则。函数定义的一般形式如下：

函数返回类型 函数名(形式参数列表)

```
{
    语句组；
    return 合适类型数值；
}
```

说明：

① 函数返回类型：函数返回值的数据类型，可为任意基本数据类型或导出数据类型。

② 函数名：用户给函数起的名字，其命名规则与标识符相同。在函数名后面必须跟一对小括号"（）"，用来将函数名与变量名或其他用户自定义的标识符区分开。

③ "形式参数表"的一般形式：

<类型><形参1>，<类型><形参2>……

类型为形参的数据类型，写在函数名后面的一对小括号内。它可包含任意多个（含0个，即没有）参数说明项，当多于一个时，其前后两个参数说明项之间必须用逗号分开。

④ 函数的返回值：函数的返回值由函数体中的 return 语句给出，通常指明了该函数处理的结果。一个函数可以有返回值，也可以无返回值（称为无返回值函数或无类型函数）。

【例 2.11】定义函数 max，求两个整数中较大值。

示例程序如下：

```
int max(int x,int y)
{
    int m;
    if(x>y)m=x;
    else m=y;
    return m;
}
```

代码解析：

① 函数头"int max(int x,int y)"中，函数名字为"max"，符合命名规则，是合法的标识符。

② 形参表"(int x,int y)"中，变量名 x、y 为形式参数，形参 x、y 的数据类型是整型，形参只能是变量名，不允许是常量或表达式。形参 x、y 的说明用逗号分开。一个函数定义中的参数列表中形参可缺省，表明该函数为无参函数，若参数表用 void 取代，则也表明是无参函数；若参数列表不为空，同时又无说明符 void，则称为有参函数。

③ 由于 max 函数完成的功能是求大数，最后求得的大数也为整型数，所以函数返回类型为 int 型。

④ 函数体中所做的工作是求大数的操作。最后求得的大数即为 m，用 return 语句返回大数 m 的值。

【例 2.12】定义无参函数。

示例程序如下：

```
void print(void)
{
    printf("This is no parameter example\n");
}
```

代码解析：
① 定义了一个无参函数，名字为 print，此函数为无返回值无参函数。
② 此函数完成的功能是输出"This is no parameter exemple"字符串。
③ "\n"是换行符，即在输出字符串"This is no parameter exemple"之后回车换行。

2.5.4 函数的调用

函数的使用是通过函数调用实现的。所谓函数调用，就是使程序转去执行函数体。在 C 语言中，除了主函数外，其他任何函数都不能单独作为程序运行。任何函数功能的实现都是通过被主函数直接或间接调用进行的。

（1）函数调用的一般形式为：

函数名([实际参数表])

可以用两种形式调用：函数语句形式调用和函数表达式调用。定义函数时，函数头中的参数为形式参数（或形参），在函数调用时给出的参数称为实际参数（或实参）。其中，实参用来将其值传递给形参，因此可以是常量、有值的变量或表达式。形参只能是变量名，不允许是常量或表达式。实参与形参应一一对应（个数相等，次序一致，类型相同或相兼容）。

（2）调用的执行过程

函数调用指定了被调用函数的名字和调用函数所需的信息（参数）。C 程序通过使用函数名和实参表可以调用该函数。当调用一个函数时，整个调用过程分为三步进行：第一步是参数传递；第二步是函数体执行；第三步是返回，即返回到函数调用表达式的位置。

执行 C 程序，也就是执行相应的 main 函数，即从 main 函数的第一个左大括号"{"开始，依次执行后面的语句，直到最后一个右大括号"}"为止。如果在执行过程中遇到其他的函数，则调用其他函数，调用完后，返回到刚才调用函数的下一条语句继续执行。而其他函数也只有在执行 main 函数的过程中被调用时才会执行。

【例 2.13】 求两个整数中较大值。

示例程序如下：

```c
#include<stdio.h>
int max(int x,int y)
{
    int m;
    if(x>y)m=x;
    else m=y;
    return m;
}
void main( )
{
    int a,b,mymax;
    scanf("%d,%d",&a,&b);
    mymax=max(a,b);
    printf("max=%d\n",mymax);
}
```

代码解析：

① 语句 max(a,b)为函数调用语句，变量 a、b 为实参。在实参表中，每一个实参的类型必须与对应的形参类型相兼容。所谓实参和形参的类型相兼容，是指在函数调用时，可以将实参的值转换成对应形参的类型，若不能转换，则称为不兼容。

② 调用其他函数的函数称为主调函数（如 main 为主调函数），被其他函数调用的函数称为被调函数[(max(a,b)为被调函数]。

③ 注意函数的位置，放在 main 函数之前进行定义。如果放在 main 函数之后定义，必须在调用前声明 max 函数。在 C++ 程序中调用函数之前，首先要对函数进行定义，如果调用此函数在前，函数定义在后，就会产生编译错误。这是"先定义后使用"原则。

④ 执行的过程是从 main 函数的第一个左大括号"{"开始，依次执行后面的语句。在执行过程中遇到 max 函数，转而执行 max 函数，将实参 a、b 的值传给形参 x、y，计算最大值后将计算结果 m 返回到函数调用的位置，即将 m 的值赋给变量 mymax。继续执行主函数体中后续语句，直到最后一个右大括号"}"为止。函数调用的过程和返回的过程如图 2-13 所示。

函数调用过程代码示例如图 2-14 所示。

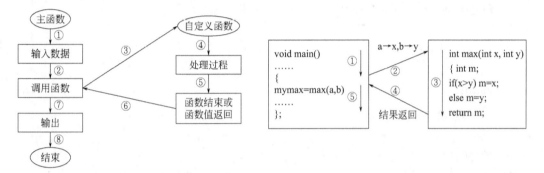

图 2-13　函数调用的过程和返回的过程　　　图 2-14　函数调用的过程代码示例

2.5.5　函数的声明

与变量必须先定义后使用类似，函数也应先定义后调用。若要先调用后定义，则必须使用函数的原型说明。在 C 程序中，当函数定义在前、函数调用在后时，程序能被正确编译执行。而当函数调用在前、函数定义在后时，则应在主调函数中增加对被调函数的原型说明。

函数的声明是一个声明语句，包括函数的名字，函数返回值的数据类型，函数要接受的参数个数、参数类型和参数的顺序，通常用于函数定义出现在函数调用之后的情况。

（1）函数声明的格式

函数返回值类型　函数名(形参表);

函数声明和所定义的函数必须在返回值类型、函数名、形参个数和类型及次序等方面完全对应一致，否则将导致编译错误。编译器遇到一个函数调用时，需要判断该函数调用是否正确，该机制即函数原型。以下是相同的函数原型：

double max(double x,double y);
double max(double a,double b);

```
double max(double,double);
```

其中，形参表可以逐个列出每个参数的类型和参数名；函数原型中也可以不写出参数名，只列出每个形参的类型；各形参之间以逗号分隔。

（2）作用

作用是告诉编译程序函数返回值的类型、参数个数和各参数类型，以便其后调用该函数时，编译程序对该函数的调用做参数的类型、个数及函数的返回值的有效性检查。

【例2.14】求两个整数中较大值。

示例程序如下：

```c
#include<stdio.h>
int max(int x,int y);              /*函数声明*/
void main( )
{
    int a,b,mymax;
    scanf("%d,%d",&a,&b);
    mymax=max(a,b);
    printf("max=%d\n",mymax);
}
int max(int x,int y)
{
    int m;
    if(x>y)m=x;
    else m=y;
    return m;
}
```

代码解析：

① 上述程序"int max(int x,int y);"语句为函数声明语句，函数的定义在 main 函数之后。max 函数声明在返回值类型、函数名、形参个数和类型及次序等方面和之后所定义的 max 函数完全对应。

② 将 max 函数的定义放在 main 函数之后，则必须在 main 函数中增加 max 函数的原型说明"int max(int x,int y)"。原型说明后必须加分号。

③ 当出现函数调用在前、函数定义在后时，在函数调用之前，必须对被调函数做原型说明。

2.5.6 函数的返回值

函数的返回值是通过函数调用使主调函数得到的确定值。函数的返回值只能在函数体中，通过 return 语句返回给主调函数。

return 语句的一般形式为：

return 表达式；

或者为：

return (表达式)；

对于不带返回值的函数，在函数体中不得出现 return 语句。

函数的返回值属于某一个确定的类型,在函数定义时指定函数返回值的类型。return 语句有以下用途:

① 能立即从所在的函数中退出,返回到调用它的程序中去。

② 返回一个值给调用它的函数。

记一记

【知识训练】

1. 单项选择题

(1) 以下说法正确的是(　　)。

　　A. C 语言程序总是从第一个定义的函数开始执行

　　B. 在 C 语言程序中,要调用的函数必须在 main 函数中定义

　　C. C 语言程序总是从 main 函数开始执行

　　D. C 语言程序中的 main 函数必须放在程序的开始部分

(2) 函数调用语句"func((exp1,exp2),(exp3,exp4,exp5));"含有(　　)个实参。

　　A. 1　　　　　　B. 2　　　　　　C. 4　　　　　　D. 5

(3) 有以下程序:

```
func(int a,int b)
{
  int c;
  c=a+b;
  return c;
}
#include<stdio.h>
void main()
{
  int x=6,y=7,z=8,r;
  r=func((x--,y++,x+y),z--);
  printf("%d\n",r);
}
```

输出结果是（　　）。
A. 11　　　　　　B. 20　　　　　　C. 21　　　　　　D. 31

2. 填空题

（1）C语言规定，程序中所有函数必须遵循_____的原则。

（2）若自定义函数要求返回一个值，则应在该函数体中有一条_____语句，若自定义函数要求不返回一个值，则应在声明该函数时加一个_____类型名。

（3）以下程序的输出结果是_____。

```
void fun( )
{
    int a;
    a+=2;
    printf("%d",a);
}
#include<stdio.h>
void main( )
{
    int cc;
    for(cc=1;cc<=4;cc++)fun( );
    printf("\n");
}
```

任务 2.6　指　　针

【任务描述】

本任务主要通过案例来了解并掌握指针的定义、指针与数组的关系、指针与函数的关系、指针与字符串的关系等。

【相关知识】

指针是C语言中的一个重要的概念，也是C语言的一个重要特色。指针在C语言中应用极为广泛，利用指针可以直接且快速地处理内存中各种数据结构的数据，特别是数组、字符串、内存的动态分配等，它为函数间各类数据的传递提供了简捷的方法。指针使C程序简洁、紧凑、高效。每一个学习和使用C语言的人，都应当深入地学习和掌握指针。可以说，不掌握指针就没有掌握C语言的精华。

指针的概念比较复杂，使用也比较灵活，但使用上的灵活性容易导致指针滥用而使程序失控。因此，必须全面正确地掌握指针的概念和使用特点。

2.6.1　指针与指针变量

2.6.1.1　内存单元、地址与指针

（1）内存单元与地址

在计算机中，运行的程序和数据都是存放在计算机的内存中。内存的基本单元是字节，

一般把存储器中的一个字节称为一个内存单元，不同的数据类型所占用的内存单元数不等，如整型量占 2 个内存单元，字符量占 1 个内存单元等。为了正确地访问内存单元，必须给每个内存单元一个编号，该编号称为该内存单元的地址。

（2）变量与地址

程序中每个变量在内存中都有固定的位置，有具体的地址。由于变量的数据类型不同，其所占的内存单元数也不相同。若在程序中定义：

　　int a=2,b=3;
　　float x=4.5,y=5.8;
　　double m=3.141;
　　char ch1='a',ch2='b';

变量 a、b 是整型变量，在内存中各占 2 个字节；x、y 是单精度实型变量，各占 4 个字节；m 是双精度实型变量，占 8 个字节；ch1、ch2 是字符型变量，各占 1 个字节。由于计算机内存是按字节编址的，设变量的存放从内存 2A00H 单元开始存放，则编译系统对变量在内存的单元分配情况如图 2-15 所示。

变量在内存中按照数据类型的不同，占内存的大小也不同，都有具体的内存单元地址，如变量 a 在内存的地址是 2A00H，占据两个字节后，变量 b 的内存地址就为 2A02H；变量 m 的内存地址为 2A12H 等。

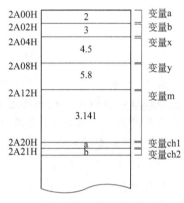

图 2-15　变量占用的内存单元与地址

（3）指针

对内存中变量的访问，用 "scanf("％d％d％f",&a,&b,&x)" 表示将数据输入到变量的地址所指示的内存单元。这种按变量地址存取变量值的方式称为 "直接访问" 方式。那么访问变量时，首先应找到其在内存中的地址，或者说一个地址唯一指向一个内存变量，称这个地址为变量的指针。如果将变量的地址保存在内存的特定区域，用变量来存放这些地址，这样的变量就是指针变量。通过指针对所指向变量的访问方式称为 "间接访问" 方式。

严格地说，一个指针是一个地址，是一个常量；而一个指针变量却可以被赋予不同的指针值，是变量。但通常把指针变量简称为指针。指针是特殊类型的变量，其内容是变量的地址。指针变量的值不仅可以是变量的地址，也可以是其他数据结构的地址。比如在一个指针变量中可存放一个数组或一个函数的首地址。

在一个指针变量中存入一个数组或一个函数的首地址有何意义呢？数组或函数都是连续存放的，通过访问指针变量可以取得数组或函数的首地址，也就找到了该数组或函数。这样一来，凡是出现数组、函数的地方都可以用一个指针变量来表示，只要该指针变量中被赋予数组或函数的首地址即可。这样做将会使程序的概念十分清楚，程序本身也简洁、高效。在 C 语言中，一种数据类型或数据结构往往都占有一片连续的内存单元。用 "地址" 这个概念并不能很好地描述一种数据类型或数据结构，而 "指针" 虽然也是一个地址，但它却可以是某个数据结构的首地址，它是 "指向" 一个数据结构的，因而概念更为清楚，表示更为明确。这也是引入 "指针" 概念的一个重要原因。

设一组指针变量 pa、pb、px、py、pm、pch1、pch2，分别指向前述的变量 a、b、x、y、m、ch1、ch2，指针变量也同样被存放在内存，二者的关系如图 2-16 所示。

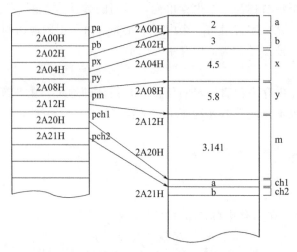

图 2-16　指针变量与变量在内存中的对应关系

在图 2-16 中，左边所示的内存存放了指针变量的值，该值给出的是所指变量的地址，通过该地址，就可以对右部描述的变量进行访问。如指针变量 pa 的值为 2A00H，是变量 a 所在内存的地址，因此 pa 就指向变量 a。

2.6.1.2　指针变量的定义、赋值与引用

（1）指针变量的定义

指针变量与 C 语言中其他变量一样，在使用前也必须先定义。指针变量定义的一般形式为：

类型说明符 * 变量名；

其中，"*"表示一个指针变量；"变量名"即为定义的指针变量名；"类型说明符"表示本指针变量所指对象（变量、数组或函数等）的数据类型。例如：

int * ptr1; /*ptr1(而不是* ptr1)是一个指向整型变量的指针变量,它的值是某个整型变量的地址。至于 ptr1 究竟指向哪一个整型变量是由 ptr1 所赋予的地址所决定的* /

float * ptr2;/*ptr2 是指向单精度实型变量的指针变量* /

char * ptr3;/*ptr3 是指向字符型变量的指针变量* /

需要注意，一个指针变量只能指向同类型的变量，如 ptr2 只能指向单精度实型变量，不能时而指向一个单精度实型变量，时而又指向一个整型变量。

（2）指针变量的赋值

给指针变量赋值的方式有以下两种。

① 对指针变量初始化，例如：

int a,* p=&a;

② 用赋值语句，例如：

int a,* p;

p=&a;

用这种方法，被赋值的指针变量前不能再加"*"说明符，写为 * p=&a 是错误的。

指针变量用于存放另一同类型的变量的地址，因而不允许将任何非地址类型的数据赋给它。如"p=2000;"就是一种不能转换的错误，因为 2000 是整型常量（int）。

在 C 语言中，由于变量的地址是由编译系统自动分配的，对用户完全不透明，因此必

须使用地址运算符"&"来取得变量的地址。

(3) 指针变量的引用

指针变量的引用形式为：

* 指针变量

其中，"*"是取内容运算符，它是单目运算符，其结合性为右结合，用来表示指针变量所指向的数据对象。在"*"运算符之后所跟的变量必须是指针变量。需要注意，指针运算符"*"和指针变量说明符"*"不是一回事。在指针变量说明中，"*"是类型说明符，表示其后的变量是指针类型；而表达式中出现的"*"则是一个运算符，用来表示指针变量所指向的数据对象。

事实上，若定义了变量以及指向该变量的指针为：

int a,* p;

若有"p=&a;"，则称 p 指向变量 a，或者说 p 具有了变量 a 的地址。在以后的程序处理中，凡是可以写 &a 的地方，就可以替换成指针的表示 p，a 也可以替换成 * p。

2.6.2 指针变量的运算

指针变量的运算种类是有限的，它只能进行赋值运算和加/减运算及关系运算。除此以外，还可以赋空（NULL）值。

(1) 赋值运算

前面已经介绍过指针变量的两种赋值方式，除此之外，还可以有以下的赋值运算。

① 把一个指针变量的值赋予指向相同数据类型的另一个指针变量。例如：

int a,* pa,* pb;

pa=&a;

pb=pa;   /*将指针变量 pa 的值赋给相同类型的指针变量 pb */

② 把数组的首地址赋给指向数组的指针变量。例如：

int a[5],* pa;

pa=a;   /*将数组名（是一个数组的首地址）直接赋给一个相同类型的
                          指针变量 pa*/

③ 把字符串的首地址赋给指向字符类型的指针变量。例如：

char * str;

str="C Language";   /*将字符串的首地址赋给一个字符型的指针变量 str。需要强调，
                          并不是把整个字符串装入指针变量*/

④ 把函数的入口地址赋给指向函数的指针变量。例如：

int(* pf)( );pf=f;   /*f 为函数名，此函数的值的类型为整型*/

(2) 加/减运算

指针变量的加/减运算只能对指向数组的指针变量进行，对指向其他类型的指针变量进行加/减运算是无意义的。假设 pa 为指向数组 a 的指针变量，则 pa+n，pa-n，pa++，++pa，pa--，--pa 运算都是合法的。指针变量加或减一个整数 n 的意义是把指针指向的当前位置（指向某数组元素）向前或向后移动 n 个位置。应该注意，数组指针变量向前或向后移动一个位置，与地址加 1 或减 1 在概念上是不同的。因为数组可以是不同类型的，各种类型的数组元素所占的字节长度是不同的。例如：

```
int a[5],* pa=a;
pa+=2;                    /*pa=a+2×2字节=a+4,而不是=a+2 */
```

只有指向同一数组的两个指针变量相减才有意义。两个指针变量相减之差是两个指针所指数组元素之间相差的元素个数。实际上是两个指针值（地址）相减之差再除以该数组元素的长度（占字节数）。很显然，两个指针变量相加无实际意义。

（3）关系运算

指向同一数组的两指针变量进行关系运算可表示它们所代表的地址之间的关系。例如：

```
p1==p2              /* 若成立,则表示 p1 和 p2 指向同一数组元素* /
p2>p1               /* 若成立,则表示 p2 处于高地址位置* /
p2<p1               /* 若成立,则表示 p2 处于低地址位置* /
```

（4）空运算

对指针变量赋空值和不赋值是不同的。指针变量未赋值时，可以是任意值，是不能用的，否则将造成意外错误。而指针变量赋空值后，则可以使用，只是它不指向具体的变量而已。例如：

```
#define NULL 0
int * p=NULL;
```

【例 2.15】从键盘输入两个整数，按由小到大的顺序输出，代码如下：

```
#include<stdio.h>
void main( )
{
int num1,num2;
int * num1_p=&num1,* num2_p=&num2,* pointer;      /*定义指针变量并赋值*/
printf("Input the first number:");
scanf("%d",num1_p);
printf("Input the second number:");
scanf("%d",num2_p);
printf("num1=%d,num2=%d\n",num1,num2);
if( * num1_p> * num2_p )     /*如果 num1>num2,则交换指针 */
    {
        pointer=num1_p;
        num1_p=num2_p;
        num2_p=pointer;
    }
printf("min=%d,max=%d\n",* num1_p,* num2_p);
}
```

2.6.3 指针与数组

2.6.3.1 指针与一维数组

前面讨论数组时，对数组元素的访问是采用的下标法，即以数组的下标确定数组元素。在引入指针变量后，可以利用一个指向数组的指针来完成对数组元素的存取操作及其他运算，这种方法称为指针法。在 C 语言中，指针和数组之间存在密切的联系。一个数组名实际上是一个指针常量，它的值是指向这个数组的第一个元素的起始地址。在定义数组时，编译程序就将该地址赋予了数组名。数组名就是数组起始地址的符号地址。

当在程序中定义一个数组时，例如：

  int data[10];

C编译程序为该数组分配了10个整型数据所需要的连续的存储空间，依次存放其10个数组元素data[0]~data[9]，并将存储空间的首地址赋予数组名data。由于在程序运算过程中，给数组data所分配的存储空间不会改变，因此data为存放数组起始地址的指针常量，即

① data与&data[0]等效；

② data+i与&data[i]等效。

若定义一个指针变量p及数组data：

  int * p,data[10];

执行赋地址操作：

  p=data;

  或

  p=&data[0];

则将指针p指向数组data的第一个元素，如图2-17所示。由于表达式p+i表示的地址值与&data[i]表示的地址值相同，因此可以通过表达式中i值的变化（i=0，1，2，…，9）来实现对数组data中各元素的访问。

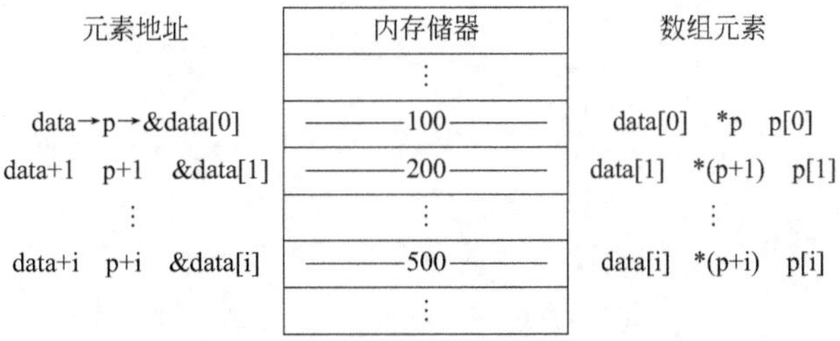

元素地址	内存储器	数组元素
data→p→&data[0]	——100——	data[0] *p p[0]
data+1 p+1 &data[1]	——200——	data[1] *(p+1) p[1]
⋮	⋮	⋮
data+i p+i &data[i]	——500——	data[i] *(p+i) p[i]
	⋮	

图2-17 指针与数组元素之间的关系

注意：当指针变量一旦指向一维数组的起始地址，指针变量名可以当成一维数组名使用，因此data[i]与p[i]是等效的，即有：

p[0]=100;

p[1]=200;

⋮

p[i]=500;

如图2-17所示，以下赋值语句等效：

*p=100; 等效于data[0]=100;

*(p+1)=200; 等效于data[1]=200;

*(p+i)=500; 等效于data[i]=500;

若指针p当前指向数组的起始地址，执行语句：

  p=p+4;

则将指针从指向数组的第一个元素改变为指向数组的第五个元素data[4]，此时：

  *p，表示data[4]；

*(p+1)，表示 data[5]；
　　*(p-1)，表示 data[3]。
　　因此，对数组元素的访问可用下标方式，也可以用指针方式，通常下标方式适于随机访问数组。在 C 语言中，用指针自增、自减的操作可实现对数组的快速顺序访问，提高程序的运行效率。
　　应该注意：虽然数组名 data 和指针 p 中均存放的是地址值，但 data 是一个指针常量，其值是由编译程序给定的数组起始地址，是不能改变的，而指针 p 是一个指针变量，它可以指向任一个数组元素。因此，以下语句是合法的：
　　　p=data;
　　　p++;
　　　p=p+3;
但以下语句是非法的：
　　　data=p;　/*不能改变数组 data 的起始地址*/
　　　data++;
　　　data=data+3;
　　【例 2.16】指针与数组的关系。
　　　程序如下：
　　　#include<stdio.h>
　　　void main( )
　　　{
　　　　　int data[10],i,* p;
　　　　　for(i=0;i<10;i++)
　　　　　　　data[i]=i+1;
　　　　　p=data;
　　　　　for(i=0;i<10;i++)
　　　　　{
　　　　　　　printf("*(p+%d)=%d\t",i,*(p+i));
　　　　　　　printf("data(%d)=%d\n",i,data[i]);
　　　　　}
　　　}
程序运行结果：
　　　*(p+0)=1　data(0)=1
　　　*(p+1)=2　data(1)=2
　　　*(p+2)=3　data(2)=3
　　　*(p+3)=4　data(3)=4
　　　*(p+4)=5　data(4)=5
　　　*(p+5)=6　data(5)=6
　　　*(p+6)=7　data(6)=7
　　　*(p+7)=8　data(7)=8
　　　*(p+8)=9　data(8)=9

*（p＋9）＝10　data(9)＝10

输出结果表明，表达式＊(p+i) 和 data[i] 是等价的，是用指针法和下标法来表示访问数组元素的两种不同形式。

根据以上叙述，若指针 p 指向一维数组 data，可以用 4 种方法来访问数组元素：

第一种为下标法，用 data[i] 形式访问数组元素；

第二种为指针法，用 *(p+i) 形式访问数组元素；

第三种为数组名法，用 *(data+i) 形式访问数组元素；

第四种为指针下标法，用 p[i] 形式访问数组元素。

2.6.3.2 指针与多维数组

用指针变量还可以指向二维数组或多维数组。这里以二维数组为例介绍指向多维数组的指针变量。

(1) 二维数组的地址

定义一个二维数组：

static int a[3][4]={{2,4,6,8},{10,12,14,16},{18,20,22,24}};

该二维数组有 3 行 4 列共 12 个元素，在内存中按行存放，存放地址如图 2-18 所示。其中，a 是二维数组的首地址，&a[0][0] 是数组 0 行 0 列的地址，它的值与 a 相同。因为在二维数组中不存在元素 a[0]，因此 a[0] 应该理解成是第 0 行的首地址，当然它的值也是与 a 相同。同理，a[n] 就是第 n 行的首址，&a[n][m] 是数组元素 a[n][m] 的地址。

	&a[0][0]	&a[0][1]	&a[0][2]	&a[0][3]
a=a+0=a[0] a+1=a[1]	a[0][0] 2	a[0][1] 4	a[0][2] 6	a[0][3] 8
a+2=a[2]	a[1][0] 10	a[1][1] 12	a[1][2] 14	a[1][3] 16
	a[2][0] 18	a[2][1] 20	a[2][2] 22	a[2][3] 24

图 2-18　二维数组的地址

既然二维数组每行的首地址都可以用 a[n] 来表示，就可以把二维数组看成是由 n 行一维数组构成，将每行的首地址传递给指针变量，行中的其余元素均可以由指针来表示。由图 2-18，可以这样理解数组 a：a 为一个数组，它有三个元素，分别为 a[0]、a[1]、a[2]，各个元素又是一个由 4 个元素组成的一维数组。

a[0] 是第一个一维数组的数组名和首地址。*(a+0)、*a、&a[0] 是与 a[0] 等效的，表示一维数组 a[0] 元素的首地址。&a[0][0] 是二维数组 a 的 0 行 0 列元素首地址。因此，a、a[0]、&a[0]、*(a+0)、*a、&a[0][0] 是相等的。

同理，a+1 是二维数组 1 行的首地址。a[1] 是第二个一维数组的数组名和首地址。&a[1][0] 是二维数组 a 的 1 行 0 列元素首地址。因此，a+1、a[1]、&a[1]、*(a+1)、&a[1][0] 是相等的。由此可推出 a+i、a[i]、&a[i]、*(a+i)、&a[i][0] 是相等的。

另外，a[0] 也可以看成是 a[0]+0，是一维数组 a[0] 的 0 号元素的首地址，而 a[0]+1 则是 a[0] 的 1 号元素首地址。对于 i 行 j 列数组元素的地址，由此可得出 a[i]+j 则是一维数组 a[i] 的 j 号元素首地址，它等于 &a[i][j]。由 a[i]=*(a+i) 得出 a[i]+j=*(a+i)+j，*(a+i)+j 是二维数组 a 的 i 行 j 列元素的首地址。该元素的值等于 *(*(a+i)+j)。

(2) 二维数组的指针变量

① 指向数组元素的指针变量

【例 2.17】用指针变量输入/输出二维数组元素的值。代码如下：

```c
#include<stdio.h>
void main()
{
    int a[3][4],*p;
    int i,j;
    p=a[0];
    for(i=0;i<3;i++)
       for(j=0;j<4;j++)
          scanf("%d",p++);            /*指针的表示方法*/
    p=a[0];
    for(i=0;i<3;i++)
    {
        for(j=0;j<4;j++)
            printf("%4d",*p++);
        printf("\n");
    }
}
```

② 指向二维数组的指针变量　指向二维数组的指针变量的说明形式为：

类型说明符 (* 指针变量名)[长度]；

其中，"类型说明符"为所指数组的数据类型；"*"表示其后的变量是指针类型；"长度"表示二维数组分解为多个一维数组时，一维数组的长度，即二维数组的列数。需要注意，"（*指针变量名）"两边的括号不可少，否则表示的是指针数组（后面将介绍），意义就完全不同了。

【例 2.18】输出二维数组元素的值。代码如下：

```c
#include<stdio.h>
void main()
{
    static int a[3][4]={{2,4,6,8},{10,12,14,16},{18,20,22,24}};
    int(* p)[4];              /*定义指向二维数组的指针变量p*/
    int i,j;
    p=a;                      /*把二维数组的首地址赋给指针变量p*/
    for(i=0;i<3;i++)          /*用指针法输出各数组元素的值*/
    {
        for(j=0;j<4;j++)
            printf("%4d",*(*(p+i)+j));
        printf("\n");
    }
}
```

2.6.4 指针与函数

(1) 指针作为函数的参数

函数的参数可以是前面学过的简单数据类型，也可以是指针类型。使用指针类型作为函数的参数，实际向函数传递的是变量的地址。变量的地址在调用函数时作为实参，被调函数使用指针变量作为形参接收传递的地址。这里实参的数据类型要与形参的指针所指向的对象数据类型一致。由于子程序中获得了所传递变量的地址，在该地址空间的数据当子程序调用结束后被物理地保留下来。

需要注意，C语言中实参和形参之间的数据传递是单向的"值传递"方式，指针变量作为函数参数也要遵循这一规则。因此不能企图通过改变指针形参的值来改变指针实参的值，但可以改变实参指针变量所指变量的值。函数的调用可以且只能得到一个返回值，而运用指针变量作为参数，可以得到多个变化的值，这是运用指针变量的好处。

若以数组名作为函数参数，数组名就是数组的首地址，实参向形参传送数组名实际上就是传送数组的地址，形参得到该地址后也指向同一数组。实参数组和形参数组各元素之间并不存在"值传递"，在函数调用前形参数组并不占用内存单元，在函数调用时，形参数组并不另外分配新的存储单元，而是以实参数组的首地址作为形参数组的首地址，这样实参数组与形参数组共占同一段内存。如果在函数调用过程中使形参数组的元素值发生变化，实际上也就使实参数组的元素值发生了变化。函数调用结束后，实参数组各元素所在单元的内容已改变，当然，在主调函数中可以利用这些已改变的值。

【例2.19】用选择法对10个整数排序（从大到小排序）。代码如下：

```
#include<stdio.h>
sort(int *x,int n)
{
    int i,j,k,t;
    for(i=0;i<n-1;i++)
    {
        k=i;
        for(j=i+1;j<n;j++)
            if(*(x+j)>*(x+k))k=j;
        if(k!=i)
            {t=*(x+i);*(x+i)=*(x+k);*(x+k)=t;}
    }
}
void main()
{
    int *p,i,array[10];
    p=array;
    for(i=0;i<10;i++)
        scanf("%d",p++);
    p=array;
    sort(p,10);
    for(p=array,i=0;i<10;i++)
    {
        printf("%4d",*p);
        p++;
```

        }
    }

（2）指向函数的指针

C 语言程序是由若干函数组成的，每个函数在编译链接后总是占用一段连续的内存区，而函数名就是该函数所占内存区的入口地址，每个入口地址就是函数的指针。在程序中可以定义一个指针变量用于指向函数，然后通过该指针变量来调用它所指的函数。这种方法能大大提高程序的通用性和可适应性，因为一个指向函数的指针变量可以指向程序中任何一个函数。函数指针变量定义的一般形式为：

类型说明符　(* 指针变量名)( );

其中，"类型说明符"表示被指函数的返回值的类型；"(* 指针变量名)"表示"*"后面的变量是定义的指针变量；最后的空括号表示指针变量所指的是一个函数。例如：

int(* pf)( );

表示 pf 是一个指向函数入口的指针变量，该函数的返回值（函数值）是整型。下面通过例子来说明用指针形式实现对函数调用的方法。

【例 2.20】对两个整数进行加、减、乘、除运算。代码如下：

```c
#include<stdio.h>
int add(int a,int b);
int sub(int a,int b);
int mul(int a,int b);
int div(int a,int b);
void result(int(* pf)( ),int a,int b);
void main( )
{
    int i,j;
    int(* pf)( );            /*定义一个函数的指针 pf*/
    printf("Input two integer i,j:");
    scanf("%d,%d",&i,&j);
    pf=add;                  /*将加法函数的函数名 add 赋给函数指针 pf*/
    result(pf,i,j);          /*将函数指针 pf 作为函数的实参传递给 result 函数的第一个参数*/
    pf=sub;
    result(pf,i,j);
    pf=mul;
    result(pf,i,j);
    pf=div;
    result(pf,i,j);
    printf("\n");
}
int add(int a,int b)
{
    return a+b;
```

```
    }
    int sub(int a,int b)
    {
        return a-b;
    }
    int mul(int a,int b)
    {
        return a*b;
    }
    int div(int a,int b)
    {
    return a/b;
    }
    void result(int(*p)( ),int a,int b)        /*使用函数的指针p作为result函数的形参*/
    {
        int value;
        value=(*p)(a,b);                        /*使用函数指针变量形式灵活地调用加、减、乘、除
                                                 4个函数*/
        printf("%d\n",value);
    }
```

从上述程序可以看出，用函数指针形式调用函数的步骤如下：

① 先定义函数指针变量，如"int(*pf)();"定义pf为函数指针变量。
② 把被调函数的入口地址（函数名）赋予该函数指针变量，如"pf=add"。
③ 用函数指针变量形式调用函数，如"value=(*p)(a,b)"。

调用函数的一般形式为

(*指针变量名)(实参表);

使用函数指针变量还应注意以下两点：

① 函数指针变量不能进行算术运算，这与数组指针变量不同。数组指针变量加或减一个整数可使指针移动指向后面或前面的数组元素，而函数指针的移动毫无意义。

② 函数调用中"(*指针变量名)"两边的括号不可少，其中的"*"不应该理解为求值运算，在此它只是一种表示符号。

(3) 指针型函数

函数可以通过return语句返回一个单值的整型数、实型数或字符值，也可以返回含有多值的指针型数据，即指向多值的一个指针（即地址），这种返回指针值的函数称为指针型函数。定义指针型函数的一般形式为：

类型说明符 * 函数名(形参表)
{
……/*函数体*/
}

其中，"函数名"之前加了"*"号，表明这是一个指针型函数，即返回值是一个指针；"类型说明符"表示返回的指针值所指向的数据类型。例如：

```c
int *pfun(int x,int y)
{
    ……     /*函数体*/
}
```

表示 pfun 是一个返回指针值的指针型函数,它返回的指针指向一个整型变量。

【例 2.21】利用指针型函数编写一个求子字符串的函数。代码如下:

```c
#include<stdio.h>
#include<string.h>
#include<alloc.h>
/*定义一个指针型函数 substr */
char * substr(char * dest,char * src,int begin,int len)
{
    int srclen=strlen(src);      /*取源字符串长度 */
    if(begin> srclen||!srclen|| begin<0|| len<0)
        dest[0]='\0';    /*当取子串的开始位置超过源串长度,或源串长度为0,或开始
                          位置和子串长度为非法(小于0)时,目标串置为空串*/
    else
    {
        if(!len|| (begin+ len)> srclen)
            len=srclen-begin+l;  /*当子串长度为0或开始位置加子串长度大于源串长度时,
                                   调整子串的长度为从开始位置到源串结束的所有字符*/
        memmove(dest,src+begin-1,len);   /*调用库函数 memmove 将子串从源串中移到
                                           目标串中*/
        dest[len]='\0';
    }
    return dest;/*返回一个指向字符串的指针变量*/
}
void main( )
{
    char * dest;
    char src[]="C Programming Language";
    if((dest=(char* )malloc(80))==NULL)
    {
        printf("no memory\n");
        exit(1);              /*表示发生错误后退出程序*/
    }
    printf(" %s\n",substr(dest,src,15,4));
    printf("%s\n",substr(dest,src,15,0));
    free(dest);
}
```

对于指针型函数定义,除了函数头部分,一般还应该有函数体部分。

2.6.5 指针与字符串

在前面已经介绍了字符串，在一对双引号中包含若干个合法的字符。在本节中将介绍使用字符串的更加灵活方便的方法——通过指针引用字符串。

2.6.5.1 字符串的引用方式

在 C 程序中，字符串是存放在字符数组中的。想引用一个字符串，可以用以下两种方法。

① 用字符数组存放一个字符串，可以通过数组名和下标引用字符串中一个字符，也可以通过数组名和格式声明"%s"输出该字符串。前文介绍数组的时候已经介绍了这种方法，来看下面这个例子。

【例 2.22】定义一个字符数组，在其中存放字符串"I love China!"，输出该字符串和第 8 个字符。

解题思路：定义字符数组 string，对它初始化，由于在初始化时字符的个数是确定的，因此可不必指定数组的长度。用数组名 string 和输出格式%s 可以输出整个字符串，用数组名和下标可以引用任一数组元素。

```
#include<stdio.h>
void main()
{
    char string[]="I love China!";      /*定义字符数组 string*/
    printf("%s\n",string);              /*用%s 格式输出 string,可以输出整个字符串*/
    printf("%c\n",sring[7]);            /*用%c 格式输出一个字符数组元素*/
}
```

运行结果：
I love China!

程序分析：在定义字符数组 string 时未指定长度，由于对它初始化，因此它的长度是确定的，长度应为 14，其中 13 个字节存放"I love China!" 13 个字符，最后一个字节存放字符串结束符'\0'。数组名 string 代表字符数组首元素的地址（见图 2-19）。题目要求输出该字符串第 8 个字符，由于数组元素的序号从 0 起算，所以应当输出 string[7]，它代表数组中序号 7 的元素（它的值是字母 C）。实际上 string[7] 就是 *（string+7），string+7 是一个地址，它指向字符"C"。

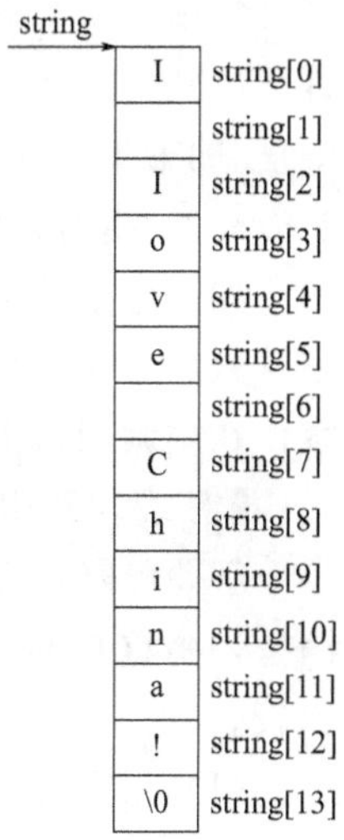

② 用字符指针变量指向一个字符串常量，通过字符指针变量引用字符串常量。

【例 2.23】通过字符指针变量输出一个字符串。

解题思路：可以不定义字符数组，只定义一个字符指针变量，用它指向字符串常量中的字符。通过字符指针变量输出该字符串。

```
#include<stdio.h>
int main()
{
    char * string ="I love China! ";   /*定义字符指针变量 string 并初始化*/
```

string		
	I	string[0]
	l	string[1]
		string[2]
	o	string[3]
	v	string[4]
	e	string[5]
		string[6]
	C	string[7]
	h	string[8]
	i	string[9]
	n	string[10]
	a	string[11]
	!	string[12]
	\0	string[13]

图 2-19 字符串地址

```
        printf("%s\n",string);              /*输出字符串*/
        return 0;
}
```

运行结果：

I love China!

程序分析：在程序中没有定义字符数组，只定义了一个" char * "型变量（字符指针变量）string，用字符串常量" I love China!" 对它初始化。C 语言对字符串常量是按字符数组处理的，在内存中开辟了一个字符数组用来存放该字符串常量，但是这个字符数组是没有名字的，因此不能通过数组名来引用，只能通过指针变量来引用。

对字符指针变量 string 初始化，实际上是把字符串第 1 个元素的地址（即存放字符串的字符数组的首元素地址）赋给指针变量 string，使 string 指向字符串的第 1 个字符（见图 2-20）。在不致引起误解的情况下，为了简便，有时也可说 string 指向字符串" I love China!"，但应当理解为"指向字符串的第 1 个字符"。

有人误认为 string 是一个字符串变量，以为在定义时把" I love China!" 这几个字符赋给该字符串变量，这是不对的，在 C 语言中只有字符变量，没有字符串变量。

分析定义 string 的行：

char * string ="I love China! ";

等价于下面两行：

```
        char * string;                /*定义一个 char * 型变量*/
        string ="I love China! ";     /*把字符串第 1 个元素的地址赋给字符指针
                                         变量 string */
```

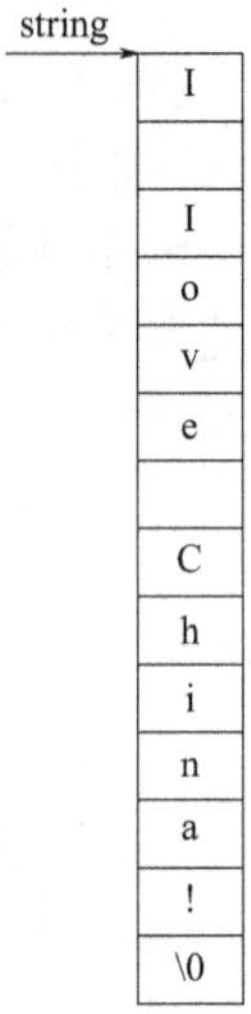

图 2-20 string 指向字符串的第 1 个字符

注意：string 被定义为一个指针变量，类型为字符型，它只能指向一个字符数据，而不能同时指向多个字符数据，更不是把"I love China!"这些字符存放到 string 中（指针变量只能存放地址）、把字符串赋给 * string，只是把"I love China!"的第 1 个字符的地址赋给指针变量 string。

2.6.5.2 字符指针作为函数参数

如果想把一个字符串从一个函数"传递"到另一个函数，可以用地址传递的方法，即用字符数组名作参数，也可以用字符指针变量作参数。在被调用的函数中可以改变字符串的内容，在主调函数中可以引用改变后的字符串。

【例 2.24】用函数调用实现字符串的复制。

解题思路：定义一个函数 copy_string 用来实现字符串复制的功能，在主函数中调用此函数，函数的形参和实参可以分别用字符数组名或字符指针变量。分别编程，以供分析比较。

（1）用字符数组名作为函数参数

```
#include<stdio.h>
int main( )
{
        void copy_string( char from[],char to[]);     /*函数声明*/
```

```c
    char a[]="I am a teacher. ";
    char b[]="You are a student. ";
    printf("string a=%s\nstring b=%s\n",a,b);
    printf("copy string a to string b:\n");
    copy_string(a,b);                          /*用字符数组名作为函数实参*/
    printf("string a=%s\nstring b=%s\n",a,b);
    return 0;
}
void copy_string(char from[],char to[])       /*形参为字符数组*/
{
    int i=0;
    while(from[i]! ='\0')
        {to[i]=from[i];
         i++;}
    to[i]='\0';
}
```

运行结果：

string a＝I am a teacher.
string b＝You are a student.
copy string a to string b:
string a＝I am a teacher.
string b＝I am a teacher.

程序分析：a 和 b 是字符数组。初值如图 2-21（a）所示。copy_string 函数的作用是将 from[i] 赋给 to[i]，直到 form[i] 的值等于'\0'为止。在调用 copy_string 函数时，将 a 和 b 第一个字符的地址分别传递给形参数组名 from 和 to。因此 from[i] 和 a[i] 是同一个单元，to[i] 和 b[i] 是同一个单元。程序执行完以后，b 数组的内容如图 2-21（b）所示。可以看到，由于 b 数组原来的长度大于 a 数组，因此在将 a 数组复制到 b 数组后，未能全部覆盖 b 数组原有内容。b 数组最后 3 个元素仍保留原状。在输出 b 时由于按％s（字符串）输出，遇'\0'即告结束，因此第一个'\0'后的字符不输出。如果不采取％s 格式输出而用％c 逐个字符输出是可以输出后面这些字符的。

（2）用字符型指针变量作实参

copy_string 不变，在 main 函数中定义字符指针变量 from 和 to，分别指向两个字符数组 a、b。

程序改写如下：

#include<stdio. h>

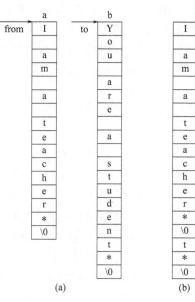

图 2-21 例 2.24 图

```
int main( )
{
    void copy_string(char from[],char to[]);
    char a[]="I am a teacher.";
    char b[]="You are a student.";
    char * from=a,* to=b;              /*from 指向 a 数组首元素,to 指向 b 数组首元素*/
    printf("string a=%s\nstring b=%s\n",a,b);
    printf("copy string a to string b:\n");
    copy_string(from,to);              /*用字符指针变量作为函数实参*/
    printf("string a=%s\nstring b=%s\n",a,b);
    return 0;
}
void copy_string(char from[],char to[]) /*形参为字符数组*/
{
    int i=0;
    while(from[i]!='\0')
        {to[i]=from[i];
         i++;}
    to[i]='\0';
}
```

运行结果与程序（1）相同。

程序分析：指针变量 from 的值是 a 数组首元素的地址，指针变量 to 的值是 b 数组首元素的地址。from 和 to 作为实参，把 a 数组首元素的地址和 b 数组首元素的地址传递给形参数组名 from 和 to（它们实质上也是指针变量）。其他与程序（1）相同。

（3）用字符指针变量作形参和实参

```
#include<stdio.h>
int main( )
{
    void copy_string(char * from,char * to);
    char  * a="I am a teacher.";                    /*a 是 char * 型指针变量*/
    char b []="You are a student.";                 /*b 是字符数组*/
    char * p=b;                                     /*指针变量 p 指向 b 数组首元素*/
    printf("string a=%s\nstring b=%s\n",a,b);       /*输出 a 串和 b 串*/
    printf("copy string a to string b:\n");
    copy_string(a,p);        /*调用 copy_string 函数,实参为指针变量*/
    printf("string a=%s\nstring b=%s\n",a,b);       /*输出改变后的 a 串和 b 串*/
    return 0;
}
void copy_string(char * from,char * to)             /*定义函数,形参为字符指针变量*/
{
    for( ;*from!='\0';from++,to++)
```

```
        {* to = * from;}
    * to ='\0';
}
```

运行结果同上。

程序分析：形参改用" char * "型变量（即字符指针变量）。在程序（1）和（2）中 copy_string 函数的形参用字符数组名，其实编译系统把字符数组名按指针变量处理，只是表示形式不同。copy_string 函数中不是用下标法引用数组元素，而是通过移动指针变量的指向，找到并引用数组元素。

main 函数中的 a 是字符指针变量，指向字符串" I am a teacher."的首字符。b 是字符数组，在其中存放了字符串" You are a student."。p 是字符指针变量，它的值是 b 数组第一个元素的地址，因此也指向字符串" You are a student."的首字符。copy_string 函数的形参 from 和 to 是字符指针变量。在调用 copy_string 时，将数组 a 首元素的地址传给 from，把指针变量 p 的值（即数组 b 首元素的地址）传给 to，因此 from 指向 a 串的第一个字符 a[0]，to 指向 b[0]。在 for 循环中，先检查 from 当前所指向的字符是否为'\0'，如果不是，表示需要复制此字符，就执行" * to= * from;"，每次将 * from 的值赋给 * to，第一次就是将 a 串中第一个字符赋给 b 数组的第一个字符，每次循环中都执行 from++ 和 to++，使 from 和 to 分别指向 a 串和 b 数组的下一个元素。下次再执行" * to= * from;"时，就将 a 串中第 2 个字符赋给 b[1] ……最后将'\0'赋给 * to，注意此时 to 指向哪个单元。

2.6.5.3 使用字符指针与字符数组的区别

用字符数组和字符指针都可实现字符串的存储和运算，但两者是有区别的，必须加以注意，切不可混淆，在使用时务必注意以下三个问题。

① 字符指针本身是一个变量，它的值是可以改变的，而字符数组的数组名虽然代表该数组的首地址，但它是常量，它的值是不能改变的。

② 赋初值所代表的意义不同。

对于字符指针：

char * ptr="Hello World";

等价于：

char * ptr; ptr="Hello World";

对字符数组进行初始化：

char str[]="Hello World";

不能写为：

char str[80];

str="Hello World";

实际赋值时，只能对字符数组的各元素逐个赋值。

③ 定义数组时，编译系统为数组分配内存空间，有确定的地址值，而定义一个字符指针时，其所指地址是不确定的。

对于字符数组可以这样使用：

char str[80];

scanf("%s",str);

对于字符指针，应申请分配内存，取得确定地址，例如：
char * str;
str=(char *)malloc(80);
scanf("%s",str);
下面的做法是很危险的，会使程序不稳定，随时出现死机现象：
char * str;
scanf("%s",str);

2.6.6 指针数组与命令行参数

（1）指针数组的定义和使用

指针数组是指数组的每一个元素都是一个指针变量的数组，与普通数组一样，必须先定义再使用。在定义指针数组时，应在数组名前加上"*"号。定义指针数组的一般形式为：

数组类型标识符* 指针数组名[常量表达式]

例如：

int * pd[5],value=25,i;

定义了指针数组 pd，它由 pd[0]~pd[4]5 个数组元素组成，每个元素都可存放一个指向整型数的指针。

例如，为了将一个整型变量 value 的地址存放在指针数组 pd 的第三个元素中，可用语句：

pd[2]=&value;

要取出这个指针所指向的整数并赋给整型变量 i，可用语句：

i=* pd[2];

等价于：

i=value;

通常有两种方法处理多个字符串：一种是定义一个存放多个字符串的二维数组，一种是使用字符型的指针数组。例如定义二维数组：

char status[][16]=
{
    "write error",
    "read error",
    "calculate error",
    "other error"
};

这里，定义 status 是一个 4×16 的字符数组。每行存放一个字符串，其列数 16 是根据字符串的最大长度确定的。使用 status[i] 的形式可访问字符串，例如：

printf("%s\n",status [2]);

输出为：

calculate error

采用指针数组，例如有以下定义：

```
char * status[]=
{
    "write error",
    "read error",
    "calculate error",
    "other error"
};
```

这里，定义了字符型的指针数组 status，它包含了 4 个数组元素，每个数组元素指向一个字符串的首地址，可以通过指针数组元素 status[0]～status[3] 访问字符串。

如果将各字符串在内存中连续存放，将节省不少的存储空间，此使用指针数组比用二维数组存放字符串更方便、更有效。当然，为了存储分配的需要，4 个字符串常量在内存中也可以不连续地存放在地址空间中。

【例 2.25】使用指针数组指向字符串、一维数组和二维数组。

```
#include<stdio.h>
void main()
{
    char * ptr1[4]={"Cat","Mouse","Dog","Sugar"};   /*指针数组 ptr1 的 4 个指针分别依次指
                                                        向 4 个字符串*/
    int i,* ptr2[3],a[3]={1,2,3},b[3][2]={1,2,3,4,5,6};
    for(i=0;i<4;i++)
        printf("n%s",ptr1[i]);/*依次输出 ptr1 数组 4 个指针指向的 4 个字符串 */
    printf("\n");
    for(i=0;i<3;i++)
        ptr2[i]=&a[i];          /*将整型一维数组 a 的 3 个元素的地址传递给指针数组 ptr2*/
    for(i=0;i<3;i++)            /*依次输出 ptr2 所指向的 3 个整型变量的值*/
        printf("%4d",* ptr2[i]);
    printf("\n");
    for(i=0;i<3;++)
        ptr2[i]=b[i];           /*传递二维数组 b 的每行首地址给指针数组的 3 个指针*/
    for(i=0;i<3;i++)
        printf("%4d%4d\n",* ptr2[i],* ptr2[i]+1);
}
```

(2) 指向指针的指针

如果一个指针变量指向的对象又是一个指针，这种指向指针的指针通常称为指针型指针，对指针型指针，第一个指针的值是第二个指针的地址，第二个指针的值是目标变量的地址。

直接指向目标变量的指针称为单重指针，对目标变量的访问称为单重间接访问；而指向指针的指针，又称为二重指针或二级指针。对指针型指针的目标变量的访问是采用多重间接访问方式实现的。图 2-22 说明了一般指针变量和指针型指针变量所采用的单重间接访问和多重间接访问方式的区别。

多重间接访问方式根据需要还可以进一步延伸，产生多级指针，但过多重的间接访问操

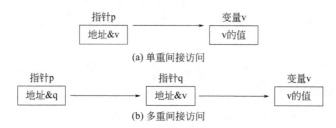

图 2-22 单重间接访问与多重间接访问

作会给计算带来困难，且易在概念上产生混淆而导致错误，所以一般很少使用二级以上的指针。

指针型指针的定义应在变量名前加上两个"*"定义符，例如：

int ** point,number;

其中，point 不是指向整型数的指针，而是指向整型数的指针型的指针变量。

为了访问由指针型指针所指向的目标变量的内容，同样需要两次取内容的操作，例如：

number=** point;

即将指针型指针 point 的目标变量的内容（整型数）赋给整型变量 number。例 2.26 是一个使用指针型指针的简单程序。

【例 2.26】指针型指针的概念。

```
#include<stdio.h>
void main( )
{
    int x,* q,** p;
    x=10;
    q=&x;            /*变量 x 的地址赋给指针 q*/
    p=&q;            /*指针 q 的地址赋给指针 p*/
    printf("%d",** p);
}
```

输出结果：

10

程序中定义了整型指针 q 及指向整型数的指针型指针 p，并把变量 x 的地址赋给 q 指针，将 q 指针的地址赋给 p 指针，通过多重间接访问输出目标变量 ** p，即变量 x 的值。

（3）指针数组作为 main 函数的命令行参数

指针数组的一个重要应用是作为 main 函数的形参，使用户编写的程序可以在执行文件时附带参数执行。如 DOS 命令 "FORMAT A：/S/V"，表示 FORMAT 命令可以带 A：、/S 和/V 三个参数。带参数的用处表现在应用该文件时更为灵活、方便。

事实上，main 函数可以是无参形式或有参形式。对于有参形式来说，需要向其传递参数，但是其他任何函数均不能调用 main 函数。先看 main 函数的带参形式：

```
main(int argc,char * argv[])
{
    ……
}
```

从函数参数的形式上看，它包含一个整型变量参数和一个指针数组参数。一个 C 的源程序经过编译、链接后，会生成扩展名为".exe"的可执行文件，这是可在操作系统下直接运行的文件。换句话说，就是由系统来启动运行的。对 main 函数既然不能由其他函数调用和传递参数，就只能由系统在启动运行时传递参数了。

在操作系统环境下，一条完整的运行命令应包括两部分——命令与相应的参数。其格式为：

命令 参数1 参数2 … 参数 n↙

此格式也称为命令行。命令行中的命令就是可执行文件的文件名，其后所跟参数需用空格分隔，是对命令的进一步补充，也就是传递给 main 函数的参数。设命令行为：

file str1 str2 str3 ↙

其中，file 为文件名，也就是一个由 file.c 经编译、链接后生成的可执行文件 file.exe，其后跟三个参数。对 main 函数来说，它的参数 argc 记录了命令行中命令与参数的个数，共 4 个，指针数组的大小由参数 argc 的值决定，即为 char * argv[4]，指针数组的取值情况如图 2-23 所示。

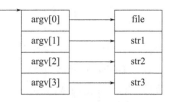

图 2-23 指针数组作 main 的命令行参数

数组的各指针分别指向一个字符串。应当注意的是，接收到的指针数组的各指针是从命令行的开始接收的，首先接收到的是命令，其后才是参数。

下面用实例说明带参数的 main 函数的正确用法。

【例 2.27】 显示命令行参数的值。

```
#include<stdio.h>
void main(int argc,char * argv[])
{
    int i;
    printf("argc 值:%d\n",argc);
    printf("命令行参数内容分别是:\n");
    for(i=0;i<argc;++i)
        printf("argv[%d]:%s\n",i,argv[i]);
}
```

将源程序命名为 test.c，经编译、链接生成可执行文件 test.exe，在 DOS 操作系统提示符下输入以下命令行来运行：

C:\> test VFP ACCESS "SQL SERVER"↙

注意：以上命令是假设 test.exe 文件在 C 盘根目录下；参数中有空格时需要用西文双引号括起来。

2.6.7 C51 中指针的使用

（1）指针变量的定义

指针变量定义与一般变量的定义类似，其形式如下：

数据类型[存储器类型1]* [存储器类型2]标识符；

[存储器类型1] 表示被定义为基于存储器的指针，无此选项时，被定义为一般指针。

这两种指针的区别在于它们的存储字节不同。一般指针在内存中占用3个字节，第一个字节存放该指针存储器类型的编码（在编译时由编译模式的默认值确定），第二字节和第三字节分别存放该指针的高位和低位地址偏移量。存储器类型1的编码值如表2-6所示。

表2-6 存储器类型1的编码值

存储器类型1	idata/data/bdata	xdata	pdata	code
编码值	0x00	0x01	0xFE	0xFF

［存储器类型2］指定指针本身的存储器空间，举例如下。

① char *c_ptr; int *i_ptr; long *l_ptr;

定义的是一般指针，c_ptr指向的是一个char型变量，那么这个char型变量位于哪里呢？这与编译时编译模式的默认值有关。

如果有Memory Model-Variable-Large：XDATA，那么这个char型变量位于xdata区；如果有Memory Model-Variable-Compact：PDATA，那么这个char型变量位于pdata区；如果有Memory Model-Variable-Small：DATA，那么这个char型变量位于data区。而指针c_ptr、i_ptr、l_ptr变量本身位于片内数据存储区中。

② char *data c_ptr; int *idata i_ptr; long *xdata l_ptr;

定义中，c_ptr、i_ptr、l_ptr变量本身分别位于data、idata、xdata区。

③ char data *c_ptr; /*表示指向data区中的char型变量,c_ptr在片内存储器中*/int xdata *i_ptr;/*表示指向xdata区中的int型变量,i_ptr在片内存储区中*/

long code *l_ptr;/*表示指向code区中的long型变量,l_ptr在片内存储区中*/

④ char data *data c_ptr; /*表示指向data区中的char型变量,c_ptr在片内存储区data中*/

int xdata *xdata i_ptr;/*表示指向xdata区中的int型变量,i_ptr在片外存储区xdata中*/

long code *xdata l_ptr;/*表示指向code区中的long型变量,l_ptr在片外存储区xdata中*/

（2）指针应用

① int x,j;

　　int *px,*py;

　　px=&x; py=&y;

② *px=0; py=px;

③ *px++=*(px++);

④ (*px)++=px++;

⑤ unsigned char xdata *x;

　　unsigned char xdata *y;

　　x=0x0456;

　　*x=0x34;　/*等价于 mov dptr,#456h; mov a,#34h; movx @dptr,a*/

⑥ unsigned char pdata *x;

　　x=0x045;

　　*x=0x34;　/*等价于 mov r0,#45h; mov a,#34h; movx @r0,a*/

⑦ unsigned char data *x;

　　x=0x30;

*x=0x34;   /*等价于 mov a,#34h; mov 30h,a*/

⑧ int *px;

px=(int xdata*)0x4000;

将 xdata 型指针 0x4000 赋给 px，也就是将 0x4000 强制转换为指向 xdata 区中的 int 型变量的指针，将其赋给 px*/。

⑨ int x;

x=*((char xdata*)0x4000);

将 0x4000 强制转换为指向 xdata 区中的 int 型变量的指针，从这个地址中取出值赋给变量 x*/。

⑩ px=*((int xdata *xdata*)0x4000);

⑪ px=*((int xdata *xdata*)0x4000);

将阴影部分遮盖，意思是将 0x4000 强制转换为指向 xdata 区中的 X 型变量的指针，这个 X 型变量就是阴影"int xdata *"，也就是 0x4000 指向的变量类型是一个指向 xdata 区中的 int 型变量的指针，即 0x4000 中放的是另外一个指针，这个指针指向 xdata 区中的 int 型变量。px 值放的是 0x4000 中放的那个指针。比如［0x4000］－［0x2000］－0x34，px＝0x2000。

⑫ x=**((int xdata *xdata *)0x4000);

x 中放着 0x4000 中放的那个指针所指向的值。比如：[0x4000]-[0x2000]-0x34*/

【例 2.28】 指针使用实例。

```
#include<reg52.h>
void main(void)
{
unsigned char code date[]={        /*定义一些随机数据,数据存放在片内 code 区中*/
    0xFF,0xFE,0xFD,0xFB,0xF7,0xEF,0xDF,0xBF,
    0x7F,0x7F,0xBF,0xDF,0xEF,0xF7,0xFB,0xFD,
    0xFE,0xFF,0xFF,0xFE,0xFC,0xF8,0xF0,0xE0,
    0xC0,0x80,0x0,0xE7,0xDB,0xBD,0x7E,0xFF
};
unsigned int a;                    /*定义循环用的变量*/
unsigned char b;
unsigned char code * finger;       /*定义基于 code 区的指针*/
do
  {
    finger=&date[0];               /*取得数组第一个单元的地址*/
    for(b=0;b<32;b++)
      {
        for(a=0; a<30000; a++);    /*延时一段时间*/
        P1=* finger;               /*从指针指向的地址取数据到 P1*/
        finger++;                  /*指针加 1*/
      }
  }
```

```
        while(1);
    }
```

记一记

【知识训练】

1. 单项选择题

(1) 若有定义 "char s[10];"，则以下表达式中不表示 s[1] 地址的是（   ）。
   A. s+1   B. s++   C. &s[1]   D. &s[0]+1

(2) 程序段 "char *p=" abcdefgh"; p+=3; printf ("%s", p);" 的运行结果是（   ）。
   A. abc   B. abcdefgh   C. defgh   D. efgh

(3) 下列定义不正确的是（   ）。
   A. char a[10] =" hello";
   B. char a[10], *p=a; p=" hello";
   C. char *a; a=" hello";
   D. char a[10], *p; p=a=" hello";

(4) 若有定义 "int(*p)[4];"，则标识符 p（   ）。
   A. 是一个指向整型变量的指针
   B. 是一个指针数组名
   C. 是一个指针，指向一个含有 4 个整型元素的一维数组
   D. 说明不合法

(5) 变量的指针，其含义是指该变量的（   ）。
   A. 值   B. 地址   C. 名   D. 一个标志

(6) 若有说明" int *point=NULL, a=4; point=&a;"，下面均代表地址的是（   ）。
   A. a, point, *&a
   B. &*a, &a, *point
   C. *&point, *point, &a
   D. &a, &*point, point

2. 填空题

(1) 以下程序的输出结果是_____。
```
#include<stdio.h>
void main( )
{
    int a[10]={1,2,3,4,5,6,7,8,9,10},*p=a;
```

```
        printf("%d\n",*(p+2));
    }
```
(2) 若有以下程序：
```
    #include<stdio.h>
    void main( )
    {
        char a[20]="I love China";
        char * p=a;
        printf("%c%s\n",*(a+2),p+1);
    }
```
程序运行后的输出结果是_____。

(3) 若有以下程序：
```
    #include<stdio.h>
    void main( )
    {
        int m=1,n=2,*p=&m,*q=&n,*r;
        r=p;    p=q;    q=r;
        printf("%d,%d,%d,%d\n",m,n,*p,*q);
    }
```
程序运行后的输出结果是_____。

(4) 若有以下程序：
```
    #include<stdio.h>
    void main( )
    {
        int a=1,b=3,c=5;
        int * p1=&a,* p2=&b,* p=&c;
        * p=* p1*(* p2);
        printf("%d\n",c);
    }
```
程序运行后的输出结果是_____。

项目三　LED灯的程序设计

【项目描述】

通过了解单片机的结构组成、工作原理等内容，掌握单片机的程序设计思路及方法，为后续的学习奠定基础。

本项目将以LED灯的设计理念为切入点，学习单片机的结构组成、程序设计思路等，从而能够使用单片机实现对LED灯控制。

【项目目标】

① 了解单片机的结构组成；
② 掌握单片机的最小系统；
③ 掌握LED灯控制程序的设计方法；
④ 培养安全意识、质量意识和操作规范等职业素养。

任务3.1　点亮LED灯的程序设计

【任务描述】

近年来，随着对处理器的综合性能要求越来越高，使得单片机得到了前所未有的发展，以应用需求为目标，市场越来越细化。认识单片机的结构组成及最小系统是必要的。可以使用单片机来控制LED灯的动作状态。

【相关知识】

3.1.1　单片机的结构组成

3.1.1.1　单片机的内部结构

当今在微控制器领域中，Intel（英特尔）公司的8051系列单片机对业界的影响力巨大。从20世纪80年代开始，8051系列单片机以惊人的速度迅速成长，并成为一种行业标准。

MCS-51系列单片机产品有8051、8031、8751、80C51、80C31等型号（前三种为CMOS芯片，后两种为CHMOS芯片）。它们的结构基本相同，其主要差别反映在存储器的配置上。8051内部设有4kB的掩模ROM程序存储器，8031片内没有程序存储器，8751是将8051片内的ROM换成EPROM，由Atmel公司生产的89C51将EPROM改成了4kB的闪速存储器，它们的结构大同小异。

单片微型计算机简称单片机，是典型的嵌入式微控制器（microcontroller unit，MCU），由运算器、控制器、存储器、输入/输出设备构成，相当于一台微型的计算机（最小系统）。与计算机相比，单片机缺少了外围设备等。概括地讲，一块芯片就是一台计算机，它的体积小、质量小、价格便宜，从而为学习、应用和开发提供了便利条件。

51 单片机通常指的是兼容 Intel MCS-51 体系架构的一系列单片机，而 51 是它的一个通俗的简称。全球有众多的半导体厂商推出了很多款这一系列的单片机，如 Atmel（爱特梅尔）公司的 AT89C52，NXP（恩智浦半导体）公司的 P89V5I，宏晶科技的 STC89C52 等。具体型号千差万别，但它们的基本原理和操作都是一样的，程序开发环境也是一样的。

MCS-51 系列单片机的内部结构框图如图 3-1 所示。按功能部件划分，MCS-51 系列单片机是由 8 大部分组成的。

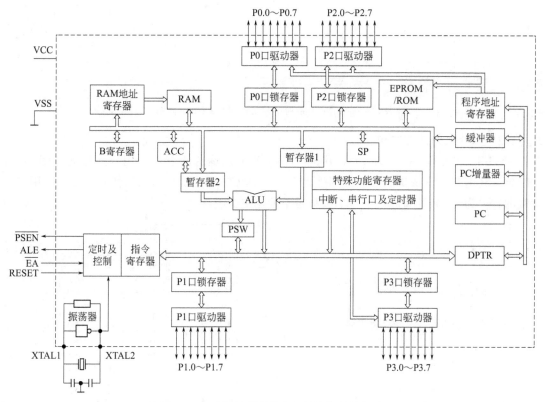

图 3-1　MCS-51 系列单片机的内部结构框图

① 一个 8 位微处理器。

② 128 字节（MCS-52 子系列为 256 字节）的片内数据存储器（RAM）。

③ 4 KB（MCS-52 子系列为 8 KB）的片内程序只读存储器（ROM 或 EPROM）（8031 和 8032 无）。

④ 18 个（MCS-52 子系列为 21 个）特殊功能寄存器（SFR）。

⑤ 4 个 8 位并行输入/输出 I/O 接口：P0 口、P1 口、P2 口、P3 口（共 32 线），用于并行输入或输出数据。

⑥ 1 个串行 I/O 接口。

⑦ 2 个（MCS-52 子系列为 3 个）16 位定时器/计数器。

⑧ 1 个具有 5 个（MCS-52 子系列为 6 个或 7 个）中断源，可编程为 2 个优先级的中断系统。它可以接收外部中断申请、定时器/计数器中断申请和串行口中断申请。

按功能划分的 MCS-51 系列单片机内部结构简化框图如图 3-2 所示。

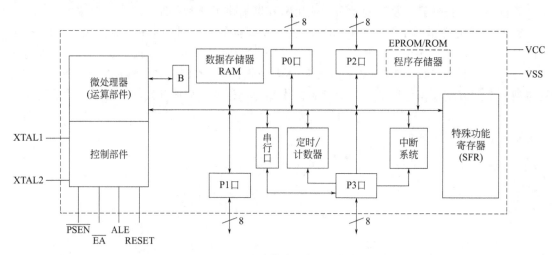

图 3-2　MCS-51 系列单片机内部结构简化框图

3.1.1.2　单片机的外部结构

MCS-51 系列单片机均为 40 个引脚，HMOS 工艺制造的芯片采用双列直插（DIP）方式封装，其引脚示意及功能分类如图 3-3 所示。CMOS 工艺制造的低功耗芯片也有采用方形封装的，但为 44 个引脚，其中 4 个引脚是不使用的。

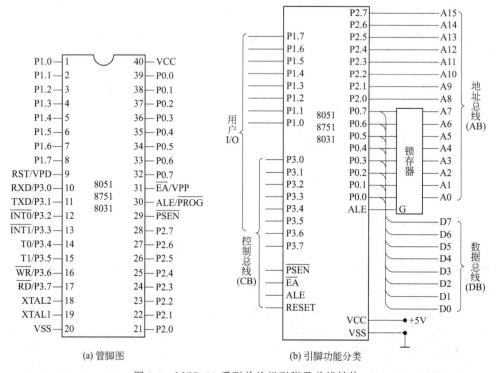

图 3-3　MCS-51 系列单片机引脚及总线结构

094　单片机技术与应用

(1) 主电源引脚 VCC 和 VSS

VCC（40 脚）：接+5V 电源正端。

VSS（20 脚）：接+5V 电源地端。

(2) 外接晶体引脚 XTAL1 和 XTAL2

XTAL1（19 脚）：接外部石英晶体的一端。在单片机内部，它是一个反相放大器的输入端，这个放大器构成了片内振荡器。当采用外部时钟时，对于 HMOS 单片机，该引脚接地；对于 CHMOS 单片机，该引脚作为外部振荡信号的输入端。

XTAL2（18 脚）：接外部晶体的另一端。在单片机内部，接至片内振荡器的反相放大器的输出端。当采用外部时钟时，对于 HMOS 单片机，该引脚作为外部振荡信号的输入端；对于 CHMOS 芯片，该引脚悬空不接。

(3) 控制信号或与其他电源复用引脚

控制信号或与其他电源复用引脚有 RST/VPD、$\overline{\text{ALE}}$/$\overline{\text{PROG}}$、$\overline{\text{PSEN}}$ 和 $\overline{\text{EA}}$/VPP 等 4 种形式。

① RST/VPD（9 脚）：RST 即为 RESET，VPD 为备用电源，所以该引脚为单片机的上电复位或掉电保护端。

② $\overline{\text{ALE}}$/$\overline{\text{PROG}}$（30 脚）：当访问外部存储器时，ALE（允许地址锁存信号）以每机器周期两次的信号输出，用于锁存出现在 P0 口的低 8 位地址。

③ $\overline{\text{PSEN}}$（29 脚）：片外程序存储器读选通信号输出端，低电平有效。

④ $\overline{\text{EA}}$/VPP（31 脚）：访问外部程序存储器控制信号，低电平有效。

(4) 输入/输出（I/O）引脚 P0、P1、P2 口及 P3 口

① P0 口（39 脚~32 脚）：P0.0~P0.7 统称为 P0 口，为双向 8 位三态 I/O 口，每个口可独立控制。51 单片机 P0 口内部没有上拉电阻，为高阻状态，所以不能正常地输出高/低电平，因此该组 I/O 口在使用时务必要外接上拉电阻，一般选择接入 10kΩ 的上拉电阻。

② P1 口（1 脚~8 脚）：P1.0~P1.7 统称为 P1 口，可作为准双向 I/O 接口使用。准双向 8 位 I/O 口，每个口可独立控制，内带上拉电阻，这种接口输出没有高阻状态，输入也不能锁存，故不是真正的双向 I/O 口。之所以称它为"准双向"是因为该口在作为输入使用前，要先向该口进行写 1 操作，然后单片机内部才可正确读出外部信号，也就是要使其先有个"准备"的过程，所以才称为准双向口。对 52 单片机 P1.0 引脚的第二功能为 T2 定时器/计数器的外部输入，P1.1 引脚的第二功能为 T2EX 捕捉、重装触发，即 T2 的外部控制端。

③ P2 口（21 脚~28 脚）：P2.0~P2.7 统称为 P2 口，一般可作为准双向 I/O 接口。每个口可独立控制，内带上拉电阻，与 P1 口相似。

④ P3 口（10 脚~17 脚）：P3.0~P3.7 统称为 P3 口，为准双向 8 位 I/O 口，每个口可独立控制，内带上拉电阻。作为第一功能使用时就当作普通 I/O 口，与 P1 口相似。作为第二功能使用时，各引脚的定义如表 3-1 所示。值得强调的是，P3 口的每一个引脚均可独立定义为第一功能的输入/输出或第二功能。

表 3-1 P3 口第 2 功能表

引脚	第 2 功能
P3.0	RXD(串行口输入端)
P3.1	TXD(串行口输出端)
P3.2	$\overline{INT0}$(外部中断 0 请求输入端,低电平有效)
P3.3	$\overline{INT1}$(外部中断 1 请求输入端,低电平有效)
P3.4	T0(定时器/计数器 0 计数脉冲输入端)
P3.5	T1(定时器/计数器 1 计数脉冲输入端)
P3.6	$\overline{WR}$(外部数据存储器写选通信号输出端,低电平有效)
P3.7	$\overline{RD}$(外部数据存储器读选通信号输出端,低电平有效)

3.1.2 单片机的最小系统

单片机最小系统如图 3-4 所示，就是使用最少的元件构成的能够运行程序的单片机系统。

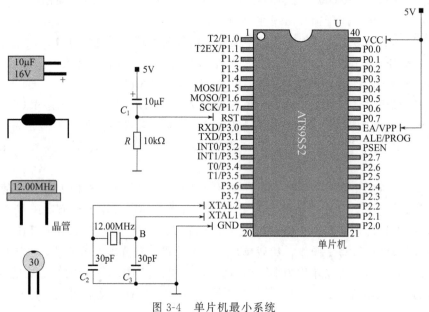

图 3-4 单片机最小系统

3.1.2.1 电源与复位电路

51 系列单片机的电源跟大部分数字 IC 的电源引脚类似，右上角接 VCC、左下角接 GND。因此，40 脚为 VCC 引脚，连接 5V；20 脚为 GND 引脚，必须接地；复位引脚在第 9 脚上。如图 3-5 所示。

（1）电源

只要将复位引脚第 9 脚保持超过 2 个机器周期的高电平，即可产生复位操作。

① 上电复位电路 图 3-5（a）所示，它是利用电容充电来实现的。在接电瞬间，RST 端的电位与 VCC 相同，随着充电电流的减少，RST 的电位逐渐下降。只要保证 RST 为高电平的时间大于 2 个机器周期，便能正常复位。

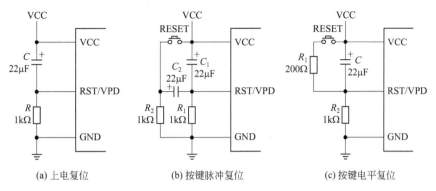

图 3-5 51 单片机的电源及复位电路

② 按键脉冲复位电路 图 3-5（b）所示，当按键按下瞬间，电容 C_2 是没有电荷的，相当于短路，RST 端的电位与 VCC 相同，随着充电电流的减少，RST 的电位逐渐下降。只要保证 RST 为高电平的时间大于 2 个机器周期，便能正常复位。

③ 按键电平复位电路 图 3-5（c）为按键电平复位电路。当按键按下瞬间，此时电源 VCC 经电阻 R_1、R_2 分压，在 RST 端产生一个复位高电平。只要保证 RST 为高电平的时间大于 2 个机器周期，便能正常复位。

（2）复位电路

复位是单片机的初始化操作，其主要功能是把程序计数器（PC）初始化为 0000H，使单片机从 0000H 单元开始执行程序。另一方面，当系统程序运行出错、操作失误等原因使系统处于锁死状态时，也需要按复位按键，重新启动系统，如图 3-6 所示。

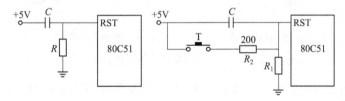

图 3-6 复位电路

51 单片机复位后的状态：

① 程序计数器（PC）：0000H，即复位后单片机从 0000H 单元开始执行程序。一般在 0000H 单元存放一条转移指令，转移到主程序中。

② P0~P3 口：FFH，即各 I/O 锁存器置 1，可以直接输入。

③ 堆栈指针（SP）：07H，即堆栈的栈顶地址为 07H 单元，07H 单元为工作寄存器区，一般需要堆栈时，将 SP 赋值，应超过于 30H。

④ 其余的 SFR：均为 00H。

⑤ 片内 RAM：为随机值。

3.1.2.2 振荡器与时钟电路

（1）振荡器和时钟电路的工作原理

为了控制单片机各部分电路严格按照时序进行工作，电路中要有统一的时钟信号作为单片机的工作时间基准。故此，在单片机芯片内部有一个高增益反相放大器构成的振荡电路来产生工作时序信号，如图 3-7 所示。

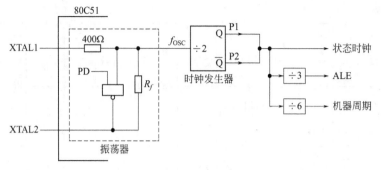

图 3-7 振荡器和时钟电路

在图 3-7 中，XTAL1 和 XTAL2 分别为振荡电路的输入端和输出端。时钟电路产生的振荡脉冲经过触发器进行二分频之后，形成单片机的时钟脉冲信号；或者再经过三分频后，会产生 ALE 锁存信号；或者再经过六分频后，会产生机器周期信号。

(2) 时钟电路的不同接法

时钟电路连接方式有两种，系统时序信号可以由内部时钟或外部时钟两种方式产生，如图 3-8 所示。

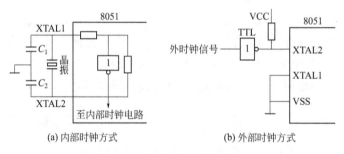

图 3-8 时钟电路的不同接法

采用内部时钟方式时，在 XTAL1 和 XTAL2 引脚上接石英晶体和微调电容，可以构成振荡器。一般晶体振荡的频率可在 1.2～33MHz 之间选择。电容 C_1 和 C_2 一般在 30pF 左右，如图 3-8（a）所示。

采用外部时钟方式时，XTAL2 作为外部时钟信号输入端，而 XTAL1 接地，如图 3-8（b）所示。

下面，介绍一下晶振周期、时钟周期、机器周期和指令周期之间的关系，如图 3-9 所示。

① 晶振周期：振荡电路产生的脉冲信号的周期，是最小的时序单位，用 P 来表示。

② 时钟周期：把 2 个晶振周期称为 S 状态，即时钟周期。通常包括两个节拍 P1 和 P2。

③ 机器周期：把 12 个晶振周期称为机器周期，用 Tcy 表示。

④ 指令周期：执行指令所需的时间，一般

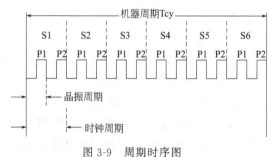

图 3-9 周期时序图

为1个机器周期、2个机器周期或4个机器周期。

【任务实施】

（1）控制要点分析

发光二极管简称LED，采用砷化镓、镓铝砷和磷化镓等材料制成，其内部结构为一个PN结，具有单向导电性。当在LED发光二极管PN结上加正向电压时，P区的空穴注入N区，N区的电子注入P区，这空穴与电子相复合时产生的能量大部分以光的形式出现，因此而发光，并且根据释放能量的不同能发出不同波长的光，在电路或仪器中可用作指示灯，也可以组成文字或显示器件。

发光二极管按封装（这里可以暂时理解为外形）可分为直插式和贴片式两种，按发光颜色可分为红色、蓝色、绿色等，如图3-10所示，上面为帖片发光二极管，下面为直插式发光二极管。

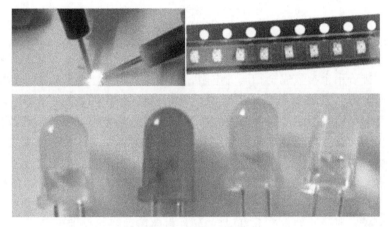

图3-10　发光二极管

LED工作时，应该串接一个限流电阻，该电阻的阻值大小应根据不同的使用电压和LED所需工作电流来选择，如图3-11所示。LED发光二极管的压降一般为1.5~3.0V（红色和黄色一般为2V，其他颜色一般为3V），其工作电流一般取10~20mA为宜。其限流电阻的计算公式为$R=(U-U_L)/I$，U为电源电压，U_L为发光二极管正常发光时端电压，I为发光二极管的电流。

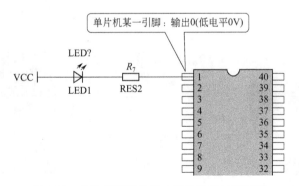

图3-11　单片机实现发光二极管发光的原理图

8个发光二极管通过一个排阻，再通过一个跳线帽接电源的正极5V，而所有管的负极则分别接到单片机的P1口的8个引脚上，如图3-12所示。

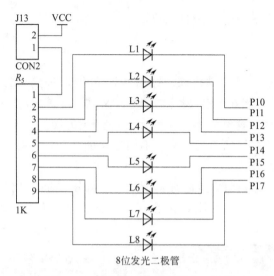

图 3-12 实验板上的 8 个发光二极管

排阻就是一排若干个参数完全相同的电阻，如图 3-13 所示。

电阻器（resistor）也称为电阻，是限流元件。将电阻器接在电路中，电阻器的阻值是固定的，一般是两个引脚，它可限制通过它所连支路的电流大小。阻值不能改变的称为固定电阻器。阻值可变的称为电位器或可变电阻器。理想的电阻器是线性的，即通过电阻器的瞬时电流与外加瞬时电压成正比。用于分压的可变电阻器，在裸露的电阻体上，紧压着一至两个可移金属触点，触点位置确定电阻体任一端与触点间的阻值。

（2）硬件电路图

结合控制要求，所设计的点亮 LED 灯的硬件电路图如图 3-14 所示。

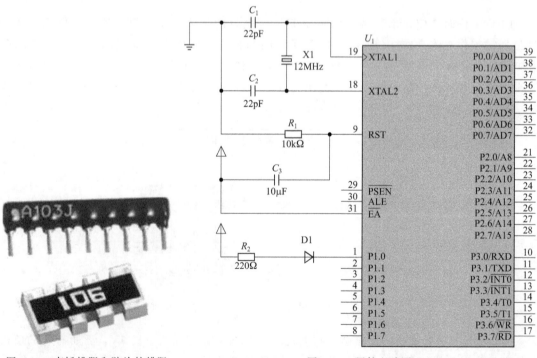

图 3-13　直插排阻和贴片的排阻　　　　图 3-14　硬件电路图

(3) 控制程序设计

结合控制要求，所设计的点亮 LED 灯的控制程序如下：

```c
#include<reg51.h>
void main( )
{
    P1=0xFE;
}
```

输入此程序时，Keil 软件会自动识别 C51 的关键字，如本程序中的 include、void，并会以不同的颜色加以提示。如果输入有误，则不会变颜色，这样就可以使得程序编写者减少输入错误，提高编程质量。当然这一系列的前提是建立文件时必须先保存。

(4) 联机调试

控制程序编译正确后，烧入单片机中进行调试，观察 LED 灯点亮的实验现象。在下载程序到单片机之前，还需做一步工作就是生成"HEX"文件，因为单片机只能认识 0 和 1 之类的二进制数字代码，也就是说再复杂的程序最终下载到单片机内部都只能是一连串的二进制数。单片机允许下载 HEX 文件和 BIN 文件，BIN 是二进制文件，是 binary 的简称，可直接下载到单片机内部；HEX 是十六进制文件，是 hexadecimax 的简称，下载时经过下载软件，又被翻译成二进制文件，最终下载到单片机里。

Keil 软件可以直接输出 HEX 文件，但需要设置。此时进入编辑界面，然后点击"Project Opitions for Targtet 'Target 1'"选项，或直接点击界面左上角快捷方式按钮，出现设置界面如图 3-15 所示。选择"Output"标签页，然后在"Creat Hex Fi："选项前打钩，然后点击"确定"即可。

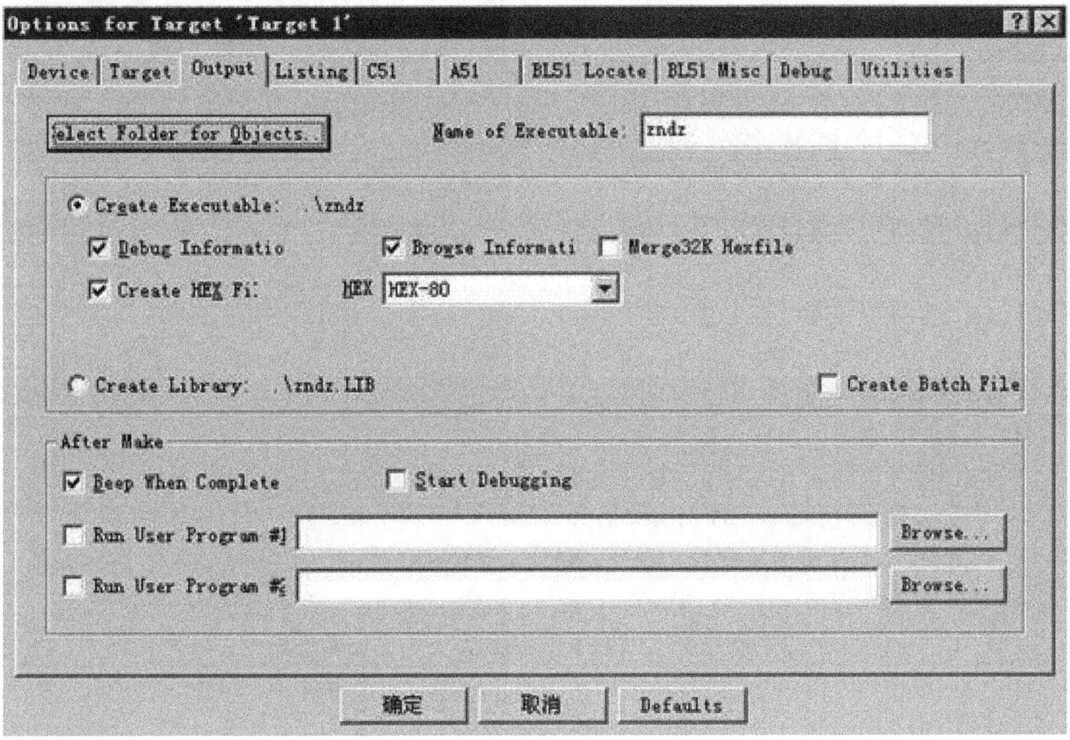

图 3-15 HEX 文件输出设置窗口

HEX 文件设置后，会重新回到编辑界面，再次点击全部编译按键，此时会在最后面的编译信息窗口看到多出了 creating hex file from "led1"……，此时表明在工程文件中生成了 HEX 文件，看到的实验现象如图 3-16 所示。

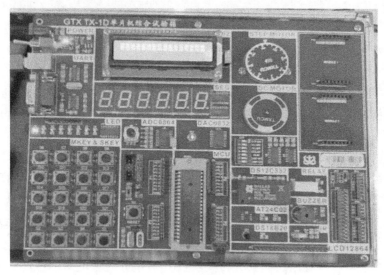

图 3-16　第一个发光二极管发光的实验现象

记一记

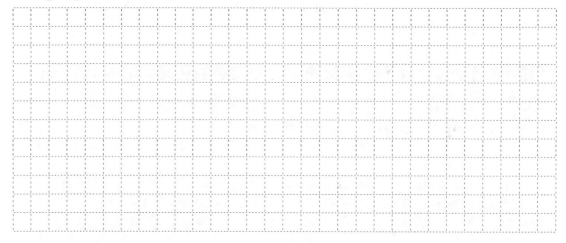

【知识训练】

1. 单项选择题

（1）51 单片机的 XTAL1 和 XTAL2 引脚是（　　）引脚。

　　A. 外接定时器　　B. 外接串行口　　C. 外接中断　　D. 外接晶振

（2）假设 51 单片机的晶振为 8MHz，则其对应的机器周期为（　　）。

　　A. $0.5\mu s$　　B. $1\mu s$　　C. $1.5\mu s$　　D. $2\mu s$

（3）除了单片机和电源外，单片机最小系统包括（　　）电路和（　　）电路。

　　A. 复位、时钟　　B. 输入、时钟　　C. 输入、输出　　D. 复位、输出

2. 判断题

（1）时钟电路的目的是向单片机提供一个振荡信号。（　　）

（2）复位电路只有按键复位一种方式。（   ）

（3）只读存储器（ROM）是一种将数据永久存储在个人计算机（PC）和其他电子设备上的存储介质。（   ）

（4）LED 发光二极管具有单向导电性。（   ）

（5）直插式 LED 灯短脚为正，长脚为负。（   ）

（6）发光二极管是一种能够将电能转化为可见光的固态半导体器件，它可以直接把电转化为光。（   ）

3. 填空题

（1）一个机器周期包含_____个时钟脉冲，若时钟脉冲的频率为 12MHz，则机器周期为_____。

（2）单片机常用两种复位方式，分别是_____和_____。

（3）发光二极管按封装（外形）可分为_____和_____两种。

任务 3.2　流水灯的程序设计

【任务描述】

在城市建设过程中，楼宇的亮化工程是必不可少的。按一定的时间间隔依次点亮 8 个发光二极管，从而实现流水灯的控制效果。

【相关知识】

流水灯使用的是延时语句。

（1）不带参数延时的写法

下面以 for 语句的嵌套为例：

unsigned int i,j;

for(i=1000;i> 0;i－－)

for(j=110;j> 0;j－－);

这个例子是 for 语句的两层嵌套，第一个 for 后面没有分号，那么编译器默认第二个 for 语句就是第一个 for 语句的内部语句，而第二个 for 语句内部语句为空，程序在执行时，第一个 for 语句中的 i 每减一次，第二个 for 语句便执行 110 次，因此这个例子便相当于共执行了 1000×110 次 for 语句。通过这种嵌套便可以写出比较长时间的延时语句，还可以进行三层、四层嵌套来增加时间，或是改变变量类型，将变量初值增大也可以增加执行时间。

这种 for 语句的延时时间到底有没有精确的算法呢？在 C 语言中这种延时语句不好算出精确时间，如果需要非常精确的延时时间，本书在后面会讲到利用单片机内部的定时器来延时，它的精度非常高，可以精确到微秒级。而一般的简单延时语句实际上并不需要太精确，不过也是有办法知道它大概延时多长时间的。

在 C 语言代码中，如果有一些语句不止一次用到，而且语句内容都相同，就可以把这样的语句写成一个不带参数的子函数，当在主函数中需要用到这些语句时，直接调用这个子函数就可以了。还以 for 嵌套语句为例，其写法如下：

void Delay1s( )

{

```
    unsigned int i,j;
    for(i=1000;i>0;i--)
        for(j=110;j>0;j--);
}
```

其中，void 表示这个函数执行完后不返回任何数据，即它是一个无返回值的函数，Delay1s 是函数名，这个名字可以随便起，但是注意不要和 C 语言中的关键字相同。需要注意的是，子函数可以写在主函数的前面或是后面，但是不可以写在主函数里面。当写在后面时，必要在主函数之前声明子函数。声明方法如下：将返回值特性、函数名及后面的小括号完全复制，若是无参函数，则小括号内为空；若是有参函数，则需要在小括号里依次写上参数类型，只写参数类型，无须写参数，参数类型之间用逗号隔开，最后在小括号的后面必须加上分号";"。当子函数写在主函数前面时，不需要声明，因为写函数体的同时已经相当于声明了函数本身。通俗地讲，声明子函数的目的是编译器在编译主程序的时候，当它遇到一个子函数时知道有这样一个子函数存在，并且知道它的类型和带参情况等信息，以方便为这个子函数分配必要的存储空间。

同时，注意 "unsigned int i, j;" 语句，i 和 j 两个变量的定义放到了子函数里，而没有写在主函数的最外面。在主函数外面定义的变量叫作全局变量。像这种定义在某个子函数内部的变量叫作局部变量，i 和 j 就是局部变量。

注意：局部变量只在当前子函数中有效，程序一旦执行完当前子函数，在它内部定义的所有变量都将自动销毁，当下次再调用该函数时，编译器重新为其分配内存空间。在一个程序中，每个全局变量都占据着单片机内固定的 RAM，局部变量是用时随时分配，不用时立即销毁。单片机的 RAM 是有限的，如 AT89C52 只有 256B 的 RAM，如果要定义 unsigned int 型变量的话，最多只能定义 128 个；STC 单片机内存比较多，有 512B 的，也有 1280B 的。很多时候，当写一个比较大的程序时，经常会遇到内存不够用的情况，因此从一开始写程序时就要坚持能省 RAM 空间就要节省，能用局部变量就不用全局变量的原则。

（2）带参数延时的写法

下面结合不带参数延时的写法，来设计带参数延时的写法，写法如下：

```
void DelayMS(unsigned int xms)
{
    unsigned int i,j;
    for(i=xms;i>0;i--)
        for(j=110;j>0;j--);
}
```

代码中 DelayMS 后面的括号中多了一句 "unsigned int xms"，这就是这个函数所带的一个参数，xms 是一个 unsigned int 型变量，又叫这个函数的形参，在调用此函数时用一个具体真实的数据代替此形参，这个真实数据被称为实参，形参被实参代替之后，在子函数内部所有和形参名相同的变量将都被实参代替。再强调一下，声明时必须将参数类型带上，如果有多个参数，多个参数类型都要写上，类型后面可以不跟变量名，也可以写上变量名。

【任务实施】

（1）控制要点分析

① 分析发光二极管的导通性；

② 分析流水灯的工作过程；

③ 设计时间间隔（延时程序）。

前面学习了点亮一个 LED 小灯，下面要进一步学习如何让 8 个小灯依次一个接一个地点亮，流动起来，也就是常说的流水灯。先来看 8 个 LED 的核心电路图，如图 3-17 所示。

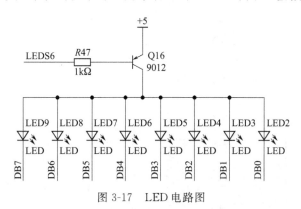

图 3-17 LED 电路图

引脚 P0.0 控制了 DB0，P0.1 控制 DB1，…，P0.7 控制 DB7。一个字节是 8 位，如果写一个 P0，就代表了 P0.0～P0.7 的全部 8 个位。

(2) 硬件电路图

结合控制要求，所设计的流水灯的硬件电路图如图 3-18 所示。

(3) 控制程序设计

结合控制要求，所设计的流水灯的控制程序如下：

```
#include<reg51.h>
#include<intrins.h>
#define uint unsigned int
void DelayMS(uint);
void DelayMS(uint xms)
{
    uint i,j;
    for(i=xms;i>0;i--)
        for(j=110;j>0;j--);
}
void main()
{
    P0=0xFE;
    While(1)
    {
        P0=_crol_(P0,1);
        DelayMS(200);
    }
}
```

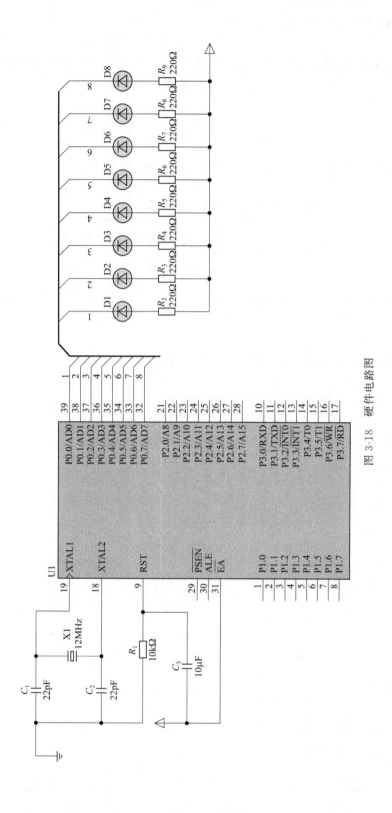

图 3-18 硬件电路图

(4）联机调试

控制程序编译正确后，烧入单片机中进行调试，观察流水灯点亮的实验现象。

记一记

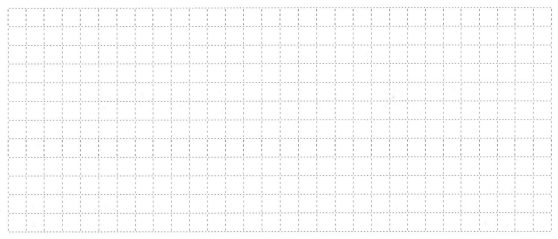

【知识训练】

1. 单项选择题

(1) 判断是否溢出时用 PSW 的（　　）标志位，判断是否有进位时用 PSW 的（　　）标志位。

  A. CY   B. OV   C. P

  D. RS0   E. RS1

(2) 单片机上电复位后，PC 的内容为（　　）。

  A. 0000H   B. 003H   C. 000BH   D. 0800H

(3) Intel 8051 单片机的 CPU 是（　　）。

  A. 16   B. 4   C. 8   D. 准 16 位

(4) 单片机的 ALE 引脚是以晶体振荡频率的（　　）固定频率输出正脉冲，因此它可作为外部时钟或外部定时脉冲使用。

  A. 1/2   B. 1/4   C. 1/6   D. 1/12

2. 判断题

(1) P0～P3 口的驱动能力是相同的。（　　）

(2) P0 口作为总线端口使用时，它是一个双向口。（　　）

(3) 计算机中数的最小单位是字节。（　　）

3. 简答题

(1) P3 口第二功能是什么？

(2) 什么是机器周期？机器周期和晶振频率有何关系？当晶振频率为 6 MHz 时，机器周期是多少？

(3) MCS-51 系列单片机常用的复位方法有几种？画电路图并说明其工作原理。

项目三　LED 灯的程序设计 **107**

项目四 数码管的程序设计

【项目描述】

单片机应用系统中的显示器是人机交流的重要组成部分。常用的显示器有 LED 数码管显示器和 LCD 显示器两种类型。LED 数码管显示器价格低廉、体积小、功耗低,而且可靠性好,得到广泛使用。

本项目将结合 LED 数码管的显示方式,学习其结构、工作原理及程序设计思路等,从而能够使用单片机实现对 LED 数码管显示器进行程序设计。

【项目目标】

① 掌握 LED 数码管结构及工作原理;
② 掌握 LED 数码管显示方式;
③ 掌握数组的使用方法;
④ 掌握 LED 数码管控制程序的设计方法;
⑤ 培养安全意识、质量意识和操作规范等职业素养。

任务 4.1 数码管静态显示

【任务描述】

在 LED 数码管显示器上显示"4",进而能够自主进行倒计时的程序设计。

【相关知识】

4.1.1 数码管结构及工作原理

单个 LED 数码管的管脚结构如图 4-1(a)所示。数码管内部由 8 个 LED 发光二极管组成,其中有 7 个条形 LED 用于显示字符,1 个小圆点 LED 用于显示小数点;当 LED 导通时,相应的线段或点发光;将这些 LED 排成一定图形,来显示数字 0~9、字符 A~F、H、L、P、R、U、Y、符号"—"及小数点"."等。LED 数码管可以分为共阴极和共阳极两种结构。

① 共阴极数码管结构如图 4-1(b)所示。把所有 LED 的阴极作为公共端(com)连接低电平(接地),通过控制每一个 LED 的阳极电平来使其发光或熄灭。LED 阳极为高电平时发光,为低电平时熄灭。如显示 0 时,把 a、b、c、d、e、f 端接高电平,其他各端接地。

② 共阳极数码管结构如图 4-1（c）所示。把所有 LED 的阳极作为公共端（com）连接高电平（如+5V），通过控制每一个 LED 的阴极电平来使其发光或熄灭。LED 阴极为低电平时发光，为高电平时熄灭。

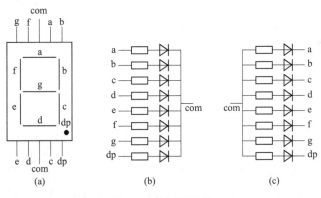

图 4-1　数码管结构

必须注意的是，数码管内部没有电阻，在使用时需外接限流电阻，如果不限流将造成发光二极管的烧毁。限流电阻的取值一般使流经发光二极管的电流在 10～20mA，对于高亮度数码管，电流还可以取得小一些。

4.1.2　数码器的字形编码

要使数码管上显示某个字符，必须使它的 8 个位上加上相应的电平组合，即一个 8 位数据，这个数据就叫该字符的字型编码。编码规则如表 4-1 所示。

表 4-1　字型编码规则

段码位	D7	D6	D5	D4	D3	D2	D1	D0
显示段	dp	g	f	e	d	c	b	a

共阴极和共阳极数码管的字型编码是不同的，如表 4-2 所示。

表 4-2　共阴极和共阳极数码管的字型编码

字型	共阳码	共阴码	字型	共阳码	共阴码
0	C0H	3FH	9	90H	6FH
1	F9H	06H	A	88H	77H
2	A4H	5BH	b	83H	7CH
3	B0H	4FH	C	C6H	39H
4	99H	66H	d	A1H	5EH
5	92H	6DH	E	86H	79H
6	82H	7DH	F	8EH	71H
7	F8H	07H	灭显	FFH	00H
8	80H	7FH	P	8CH	73H

项目四　数码管的程序设计

从表 4-2 中可以看到，对于同一个字符，共阴极和共阳极的字型编码是反相的。例如字符"0"，共阴极编码是 3FH，二进制形式是 00111111；共阳极编码是 C0H，二进制形式是 11000000，恰好是 00111111 的反码。

静态显示是指数码管显示某一字符时，相应的发光二极管恒定导通或恒定截止。这种显示方式的各位数码管相互独立，公共端恒定接地（共阴极）或+5V（共阳极）。每个数码管的 8 个位分别与一个 8 位 I/O 端口引脚相连。I/O 端口只要有字型编码输出，数码管就显示给定的字符，并保持不变，直到 I/O 口输出新的字型编码。

4.1.3 锁存器

锁存器是一种对脉冲电平敏感的存储单元，可以在特定输入脉冲作用下改变状态。所谓锁存，就是输出端的状态不会随输入端的状态变化而变化，仅在有锁存信号时输入的状态被保存到输出，直到下一个锁存信号到来时才改变。锁存器的最主要作用是缓存，其次是完成高速控制与慢速外设的不同步问题，再者是解决驱动的问题，最后是解决一个 I/O 端口既能输出也能输入的问题。

【例 4.1】在 LED 数码管显示器上显示"4"。

编写程序如下：

```
#include<reg51.h>
sbit dula=P2^6;
sbit wela=P2^7;
void main( )
{
    wela=1;
    P0=0xFE;
    wela=0;
    dula=1;
    P0=0x66;
    dula=0;
    while(1);
}
```

【任务实施】

(1) 控制要点分析

① 锁存器的工作原理；

② LED 数码管显示倒计时的程序设计。

(2) 硬件电路图

结合控制要求，所设计的 LED 数码管显示倒计时的硬件电路图如图 4-2 所示。

(3) 控制程序设计

结合控制要求，所设计的 LED 数码管显示倒计时的控制程序如下：

```
#include<reg51.h>
#define uchar unsigned char
#define uint unsigned int
```

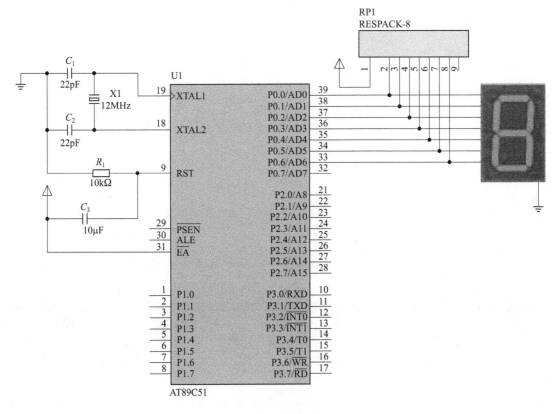

图 4-2 硬件电路图

```
sbit dula=P2^6;
sbit wela=P2^7;
uchar code num_P0[]={0x6F,0x7F,0x07,0x7D,0x6D,0x66,0x4F,0x5B,0x06,0x3F};
void DelayMS(uint xms)
{
    uint i,j;
    for(i=xms;i>0;i--)
        for(j=110;j>0;j--);
}
  void main()
  {
  uchar w;
  for(w=0; w<10; w++)
  {
  wela=1;
  P0=0xFE;
  wela=0;
  dula=1;
  P0=num_P0[w];
```

项目四 数码管的程序设计 111

```
        dula=0;
        DelayMS( 1000);
    }
    while(1);
}
```

(4) 联机调试

控制程序编译正确后，烧入单片机中进行调试，观察 LED 数码管显示的实验现象。

记一记

【知识训练】

1. 单项选择题

(1) LED 具有（　　）的特性。

  A. 单（正）向导通　　 B. 反（负）向导通

  C. 双向导通　　 D. 不导通

(2) 一个单片机应用系统用 LED 数码管显示字符"8"的段码是 80H，可以断定该显示系统用的是（　　）。

  A. 不加反相驱动的共阴极数码管

  B. 加反相驱动的共阴极数码管或不加反相驱动的共阳极数码管

  C. 加反相驱动的共阳极数码管

  D. 以上都不对

(3) 数码管静态显示的优点有（　　）。

  A. 硬件复杂　　 B. 程序复杂

  C. 程序简单　　 D. 占用资源多

2. 判断题

(1) 静态数码管适合用于要求亮度较高和亮度稳定的场合。（　　）

(2) 让一个共阳极 LED 数码管显示"1"可给"b""c"接高电平，其余端接低电平。（　　）

(3) 数码管显示位数较多的情况下应当选择静态显示数码管。（　　）

3. 填空题

(1) LED 导电时正向压降约为_____。

(2) LED 工作时工作电流通常在_____左右，在电路中常需要串联适当的_____，以_____。

(3) 在单片机系统中通常使用的是_____LED 数码管显示器。

(4) 共阴极数码管公共端连接的是_____。

(5) 共阳极数码管公共端连接的是_____。

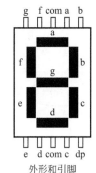

外形和引脚

任务 4.2　数码管动态显示

【任务描述】

设计一个数码管 59s 计时并伴有一个灯间歇性闪烁的程序，以此来了解单片机的定时器中断等相关知识。

【相关知识】

4.2.1　中断的产生背景

简单地说，中断就是 CPU 暂时停止正在做的工作，转而去做其他更重要的事情，当该事情处理完毕后，再返回原来的位置继续做被中止的工作。

中断是 CPU 的基本功能，但对于单片机初学者来说，会感到困惑和不解。因为有了中断，CPU 不用再耗费大量时间进行查询，只需在事件发生后进行相关处理即可，既能节省 CPU 的工作开销，也能让突发事件得到及时响应和处理，这就像将一个 CPU 分解成了若干个，每一个 CPU 都有各自的分工一样。

(1) 中断源

中断是需要被某些因素触发的，中断的触发（请求）源称为中断源，它是引起 CPU 中断当前任务进程的根源。8051 系列单片机的中断源可以分为外部中断源和内部中断源两大类。

① 外部中断源：这一类中断源的触发条件来自单片机的外部。

外部中断 0(INT0)：来自 P3.2 引脚，当其采集到低电平或者下降沿时，即可产生中断请求。

外部中断 1(INT1)：来自 P3.3 引脚，当其采集到低电平或者下降沿时，同样可以产生中断请求。

② 内部中断源：这一类触发源来自单片机片内。

定时器/计数器 0 (T0)：当定时器/计数器 0 发生计数溢出时，即可产生中断请求。

定时器/计数器 1 (T1)：当定时器/计数器 1 发生计数溢出时，即可产生中断请求。

串行口（UART）：当单片机的串行口成功地完成接收或发送一组数据时，即可产生中断请求。

(2) 中断的处理过程

51 系列单片机对中断的处理可以概括为中断请求、中断响应和中断返回三个过程。当中断发生时，中断源向 CPU 提出处理请求，这一过程称为中断请求或中断申请；CPU 接收到中断源的中断请求后，开始对事件进行处理，处理事件的过程称为中断响应；当 CPU 处

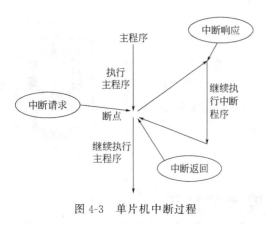

理完事件后，会返回到主程序停止处，继续开始执行源程序，这一过程称为中断返回，如图 4-3 所示。

51 系列单片机对中断的控制是通过一系列的标志位和控制位来实现的。当一个有效的中断产生时，相应的中断标志位被单片机硬件置位（标志位由"0"变为"1"），并向 CPU 申请中断响应。CPU 检测到中断标志位被置位后，如果该中断得到允许（中断总控制位和分控制位均为"1"），随即转向执行与该中断类型相对应的中断服务程序。中断的标志位在 CPU 执行了中断服务程序后，硬件会将标志位清零，但对于串行口接收和发送两个中断来说，标志位 RI 和 TI 只能由软件清零。当 CPU 执行完中断服务程序后，会自动回到程序原来的位置，继续执行主程序。

图 4-3　单片机中断过程

4.2.2　定时器中断的应用

中断是单片机的一种运行机制。标准 51 单片机中控制中断的寄存器有两个，一个是中断使能寄存器，另一个是中断优先级寄存器，这里先介绍中断使能寄存器，如表 4-3 和表 4-4 所示。

表 4-3　中断使能寄存器的位分配（地址 0xA8、可位寻址）

位	7	6	5	4	3	2	1	0
符号	EA	—	ET2	ES	ET1	EX1	ET0	EX0
复位值	0	—	0	0	0	0	0	0

表 4-4　中断使能寄存器的位描述

位	符号	描述
7	EA	总中断使能位，相当于总开关
6	—	—
5	ET2	定时器 2 中断使能
4	ES	串口中断使能
3	ET1	定时器 1 中断使能
2	EX1	外部中断 1 使能
1	ET0	定时器 0 中断使能
0	EX0	外部中断 0 使能

中断使能寄存器 IE 的 0～5 位控制了 6 个中断使能，而第 6 位没有用到，第 7 位是总开关。总开关就相当于电源总闸门，而 0～5 位这 6 个位相当于分开关。也就是说，只要用到中断，就要写 EA=1 这一句，打开中断总开关，然后用到哪个分中断，再打开相对应的控制位就可以了。

下面来分析一下示例程序：

```c
#include<reg51.h>
sbit  ADDR0=P1^0;
sbit  ADDR1=P1^1;
sbit  ADDR2=P1^2;
sbit  ADDR3=P1^3;
sbit  ENLED=P1^4;
unsigned char code LedChar[]={   /*数码管显示字符转换表*/
    0xC0,0xF9,0xA4,0xB0,0x99,0x92,0x82,0xF8,
    0x80,0x90,0x88,0x83,0xC6,0xA1,0x86,0x8E
};
unsigned char LedBuff[6]={   /*数码管显示缓冲区,初值0xFF确保启动时都不亮*/
    0xFF,0xFF,0xFF,0xFF,0xFF,0xFF
};
unsigned char i=0;          /*动态扫描的索引*/
unsigned int cnt=0;         /*记录T0中断次数*/
void main( )
{
    unsigned long sec=0;    /*记录经过的秒数*/
    EA=1;                   /*使能总中断*/
    ENLED=0;                /*使能U3,选择控制数码管*/
    ADDR3=1;                /*因为需要动态改变ADDR0~ADDR2的值,所以不需要再初始化了*/
    TMOD=0x01;              /*设置T0为模式1*/
    TH0=0xFC;               /*为T0赋初值0xFC67,定时1ms*/
    TL0=0x67;
    ET0=1;                  /*使能T0中断*/
    TR0=1;                  /*启动T0*/
    while(1)
    {
        if(cnt>=1000)       /*判断T0溢出是否达到1000次*/
        {
            cnt=0;          /*达到1000次后计数值清零*/
            sec++;          /*秒计数自加1*/
    /*以下代码将sec按十进制位从低到高依次提取并转为数码管显示字符*/
            LedBuff[0]=LedChar[sec%10];
            LedBuff[1]=LedChar[sec/10%10];
            LedBuff[2]=LedChar[sec/100%10];
            LedBuff[3]=LedChar[sec/1000%10];
            LedBuff[4]=LedChar[sec/10000%10];
            LedBuff[5]=LedChar[sec/100000%10];
        }
    }
```

```
}
/*定时器 0 中断服务函数 */
void InterruptTimer 0( )    interrupt 1
{
TH0=0xFC;                   /*重新加载初值*/
TL0=0x67;
cnt++;                      /*中断次数计数值加 1*/
                            /*以下代码完成数码管动态扫描刷新*/
P0=0xFF;                    /*显示消隐*/
switch(i)
{
  case0:ADDR2=0; ADDR1=0; ADDR0=0; i++; P0=LedBuff[0]; break;
  case1:ADDR2=0; ADDR1=0; ADDR0=1; i++; P0=LedBuff[1]; break;
  case2:ADDR2=0; ADDR1=1; ADDR0=0; i++; P0=LedBuff[2]; break;
  case3:ADDR2=0; ADDR1=1; ADDR0=1; i++; P0=LedBuff[3]; break;
  case4:ADDR2=1; ADDR1=0; ADDR0=0; i++; P0=LedBuff[4]; break;
  case5:ADDR2=1; ADDR1=0; ADDR0=1; i=0; P0=LedBuff[5]; break;
  default:break;
}
}
```

在这个程序中,有两个函数,一个是主函数,一个是中断服务函数。中断服务函数的书写格式是固定的,首先中断函数前边 void 表示函数返回空,即中断函数不返回任何值,函数名是 InterruptTimer0()。interrupt 是中断特有的关键字,一定不能弄错。另外后边还有个数字 1,这个数字 1 怎么来的呢?来看下面的表 4-5。

表 4-5 表中断查询序列

中断函数编号	中断名称	中断标志位	中断使能位	中断向量地址	默认优先级
0	外部中断 0	IE0	EX0	0x0003	1(最高)
1	T0 中断	TF0	ET0	0x000B	2
2	外部中断 1	IE1	EX1	0x0013	3
3	T1 中断	TF1	ET1	0x001B	4
4	UART 中断	TI/RI	ES	0x0023	5
5	T2 中断	TF2/EXF2	ET2	0x002B	6

看第二行的 T0 中断,要使能这个中断那么就要把它的中断使能位 ET0 置 1,当它的中断标志位 TF0 变为 1 时,就会触发 T0 中断,那么这时就应该执行中断函数,单片机是怎样找到这个中断函数的呢?靠的就是中断向量地址,所以 interrupt 后面中断函数编号的数字 x 就是根据中断向量得出的,它的计算方法是 $x \times 8 + 3 =$ 向量地址。

中断函数写好后,每当满足中断条件而触发中断时,系统就会自动调用中断函数。比如前面这个程序,平时一直在主程序 while(1) 的循环中执行,假如程序有 100 行,当执行到

50 行时，定时器溢出了，那么单片机就会立刻跑到中断函数中执行中断程序，中断程序执行完毕后再自动返回到刚才的第 50 行处继续执行后面的程序，这样就保证了动态显示间隔是固定的 1ms，不会因为程序执行时间不一致的原因导致数码管显示的抖动。

4.2.3 中断的优先级

8051 系列单片机有五个中断源，它们都可以向 CPU 申请中断，那么 CPU 是如何分辨这五种不同类型的中断的呢？8051 系列单片机给这五种中断源分别指定了相应的中断向量号，并为每个中断向量规定了专用的中断入口地址，就像给每一个人分配好专用的座位号一样。一旦某一个中断发生，它会自动地转向某一个固定的位置，CPU 根据位置不同，即可分辨出产生了哪一个类型的中断，并且应该执行哪一个中断服务程序。中断源与中断向量号的对应见表 4-6。

表 4-6 单片机的中断向量

中断源	中断向量号
外部中断 0($\overline{INT0}$)	0
定时器/计数器 0(T0)	1
外部中断 1($\overline{INT1}$)	2
定时器/计数器 1(T1)	3
串行口(UART)	4

（1）中断的查询顺序

在明确了向量号之后，一个极端的情况是：当这五个中断源同时发生事件，同时向 CPU 申请中断时，CPU 该怎样处理呢？8051 系列单片机规定：如果同级的多个中断同时出现，则按 CPU 的查询顺序确定哪个中断请求被响应。CPU 对中断源的查询顺序为：

外部中断 0→定时器/计数器 0→外部中断 1→定时器/计数器 1→串行口

这个查询顺序是由单片机的硬件结构决定的，是 CPU 对中断的查询顺序，与后面提到的优先级无关，一旦这五个中断在默认设置（不指定优先级）的情况下同时发生，CPU 只响应查询顺序在前的中断，而其他中断将被忽略。

（2）中断的优先级

单纯依靠查询的办法处理中断有时会将排在其次位置的中断忽略掉，这在一些关键的应用中显得不太可靠，为此 8051 系列单片机还引入了中断优先级的概念，可以分别为这五个中断源指定不同的优先级，当多个中断同时发生时，优先级高的中断会被优先响应。

8051 系列单片机有高和低两个中断优先级，单片机在复位后的默认情况下，五个中断源共同处于低优先级当中。用户可以根据需要，用软件指定某一个中断源为高优先级。比如，可以将"外部中断 1"指定为高优先级，这时当"外部中断 0"与"外部中断 1"同时发生时，CPU 将不按原来的查询顺序处理"外部中断 0"，而是按优先级顺序优先处理"外部中断 1"。

（3）中断嵌套

通过优先级控制，还可以实现中断嵌套，即高优先级的中断可以中断低优先级的中断。当 CPU 在响应某一低优先级中断源的中断请求时，又有一个高优先级的中断产生，CPU 则将正在处理的低优先级事件暂停下来，转而处理优先级更高的中断请求，之后再继续执行原来的中断服务程序，这一过程就是中断嵌套，其过程如图 4-4 所示。

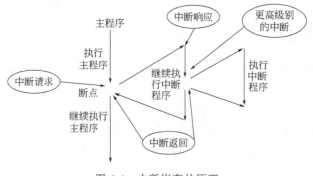

图 4-4 中断嵌套的原理

一个正在执行的低优先级中断程序能被高优先级的中断源中断，但是它不能被另一个低优先级的中断源所中断。当 CPU 正在执行高优先级的中断时，不能被任何其他中断源所中断，直到执行结束为止。

优先级的控制原则：

① 低优先级中断不能中断高优先级的中断，但高优先级的中断可以中断低优先级中断。

② 如果一个中断请求已被响应，则同级的其他中断服务将被禁止，即同级别中断不能嵌套。

③ 如果同级的多个中断同时出现，CPU 只响应查询顺序靠前的那一个。

4.2.4 动态显示的基本原理

多位数码管显示数字时，单片机无法提供一个端口控制一位数码管，只能通过轮流输出控制码来逐位轮流点亮，对每一位数码管而言，是每隔一段时间才被点亮一次，利用人眼的视觉暂留原理，看起来多个数码管相当于同时显示了。这就是动态显示，也叫作动态扫描。

例如，有 2 个数码管，要显示"12"这个数字，先让高位的位选三极管导通，然后控制段选让其显示"1"，延时一定时间后再让低位的位选三极管导通，然后控制段选让其显示"2"。把这个流程以一定的速度循环运行就可以让数码管显示出"12"，由于交替速度非常快，人眼识别到的就是"12"这两位数字同时亮了。

完成一次全部数码管的扫描需要在 10ms 以内，所以，通常设计程序的时候，取一个接近 10ms 又比较规整的值就行了。本书所用开发板上有 6 个数码管，下面就来着手写一个数码管动态扫描的程序，实现兼验证前面讲的动态显示原理。

目标是实现秒表功能，有 6 个位，最大可以计到 999999s。图 4-5 是本例的程序流程图。对于多选一的动

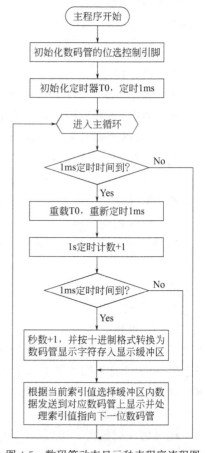

图 4-5 数码管动态显示秒表程序流程图

态刷新数码管的方式，使用 switch 会更好一些。

4.2.5 数码管显示消隐

数码管动态显示程序的运行效果仔细看会发现有两个小问题。

① 第一个小问题：数码管不应该亮的段，似乎有微微的发亮，这种现象叫作"鬼影"，这个"鬼影"严重影响视觉效果，该如何解决呢？

"鬼影"，主要是数码管位选和段选产生的瞬态造成的。前文例子中，在数码管动态显示的那部分程序中，实际上每一个数码管点亮的持续时间是 1ms 的时间，1ms 后进行下个数码管的切换。在进行数码管切换的时候，比如从 case5 切换到 casce0 的时候，case5 的位选用的是"ADDR2=1；ADDR1=0；ADDR0=1；"。假如此刻 case5，也就是最高位数码管对应的值是 0，要切换成的 case0 的数码管位选是"ADDR2=0；ADDR1=0；ADDR0=0；"，对应的数码管的值是 1。因为 C 语言程序是一句一句顺序往下执行的，每一条语句的执行都会占用一定的时间，即使这个时间非常短暂。但是当把"ADDR0=1"改变成"ADDR0=0"的瞬间，存在一个中间状态"ADDR2=1；ADDR1=0；ADDR0=0；"，在这个中间状态，就给 case4 对应的数码管瞬间赋值了 0。当全部写完了"ADDR2=0；ADDR1=0；ADDR1=0；"后，P0 还没有正式赋值，保持了前一次的值，也就是在这个瞬间，又给 case0 对应的数码管赋值了一个 0。直到把 case0 后边的语句全部完成后，刷新才正式完成。而在这个刷新过程中，有 2 个瞬间给错误的数码管赋了值，虽然很弱（因为亮的时间很短），但是还是能够发现。

搞明白了原理后，解决起来就不是困难的事情了，只要避开这个瞬间错误就可以了。不产生瞬间错误的方法是在进行位选切换期间，避免一切数码管的赋值。方法有两个：一个方法是刷新之前关闭所有的段，改变好了位选后，再打开段；第二个方法是关闭数码管的位，赋值过程都做好后，再重新打开。

关闭段：在 switch (i) 这句程序之前，加一句"P0=0xFF；"，这样就把数码管所有的段都关闭了，当把"ADDR"的值全部刷新后，再给 P0 赋对应的值即可。

关闭位：在 switch (i) 这句程序之前，加上一句"ENLED=1；"，等到把"ADDR2=0；ADDR1=0；ADDR0=0；i++；P0=LedBuff[0]；"这几条刷新程序全部写完后，再加上一句"ENLED=0；"，然后再进行中断操作即可。

② 第二个小问题：数码管上的数字每一秒变化一次，变化的时候，不参加变化的数码管可能出现一次抖动，这个抖动称为数码管抖动。这种数码管抖动是什么原因造成的呢？为何在数据改变的时候才抖动呢？

来分析一下程序。程序在定时到 1s 的时候，执行了"秒数+1 并转换为数码管显示字符"这个操作，一个 32 位整型数的除法运算，实际上是比较耗费时间的。由于每次定时到 1s 的时候，程序都多运行了这么一段，导致了某个数码管的点亮时间比其他情况下要长一些，总时间就变成了"1ms+本段程序运行时间"。与此同时，其他的数码管就熄灭了"5ms+本段程序运行时间"。如果这段程序运行时间非常短，那么可以忽略不计，如果这段程序运行时间比较长，会严重影响到视觉效果，所以要采取其他思路去解决这个问题。

【任务实施】

(1) 控制要点分析

① 定时器中断的工作原理；

② 数码管 59s 计时的程序设计。
(2) 硬件电路图
结合控制要求，所设计的数码管计时的硬件电路图结合图 3-14 和图 4-2。
(3) 控制程序设计
结合控制要求，所设计的数码管计时的控制程序如下：

```c
#include<reg51.h>
#define uchar unsigned char
#define uint unsigned int
sbit duan=P2^6;
sbit wei=P2^7;
sbit led1=P1^0;
uchar code table[]={0x3f,0x06,0x5b,0x4f,
                    0x66,0x6d,0x7d,0x07,
                    0x7f,0x6f,0x77,0x7c,
                    0x39,0x5e,0x79,0x71};
void delayms(uint);
void display(uchar,uchar);
uchar num,num1,num2,shi,ge;
void main()
{
    TMOD=0X11;
    TH0=(65536-45872)/256;
    TL0=(65536-45872)%256;
    TH1=(65536-45872)/256;
    TL1=(65536-45872)%256;
    EA=1;
    ET0=1;
    ET1=1;
    TR0=1;
    TR1=1;
    while(1)
    {
        display(shi,ge);
    }
}
    void display(uchar shi,uchar ge)
    {
        duan=1;
        P0=table[shi];
        duan=0;
        P0=0xff;
```

```c
        wei=1;
        P0=0xfe;
        wei=0;
        delayms(5);
        duan=1;
        P0=table[ge];
        duan=0;
        P0=0xff;
        wei=1;
        P0=0xfd;
        wei=0;
        delayms(5);
        }
        void delayms(uint xms)
        {
        uint i,j;
        for(i=xms;i>0;i--)
        for(j=110;j>0;j--);
        }
        void T0_time() interrupt 1
        {
        TH0=(65536-45872)/256;
        TL0=(65536-45872)%256;
        num1++;
        if(num1==4)
        {
        num1=0;
        led1=~led1;
        }
}
void T1_time() interrupt 3
{
        TH1=(65536-45872)/256;
        TL1=(65536-45872)%256;
        num2++;
        if(num2==20)
        {
        num2=0;
        num++;
        if(num==60)
        num=0;
```

```
        shi=num/10;
        ge=num%10;
    }
}
```

(4) 联机调试

控制程序编译正确后,烧入单片机中进行调试,观察 LED 数码管计时的实验现象。

记一记

【知识训练】

1. 单项选择题

(1) 下列说法正确的是（　　）。

　　A. 中断请求按时间的先后顺序响应

　　B. 同一时间同一级别的多中断请求,将形成阻塞,系统无法响应

　　C. 低优先级中断请求不能中断高优先级中断请求,但是高优先级中断请求能中断低优先级中断请求

　　D. 同级中断能嵌套

(2) 当外部中断请求的信号方式为脉冲方式时,要求中断请求信号的高电平状态和低电平状态都应至少维持（　　）。

　　A. 1 个机器周期　　　　　　　　B. 2 个机器周期

　　C. 4 个机器周期　　　　　　　　D. 10 个晶振周期

(3) 51 单片机在同一优先级的中断源同时申请中断时,首先响应（　　）。

　　A. 外部中断 0　　B. 定时器 0 中断　　C. 外部中断 1　　D. 定时器 1 中断

(4) 当优先级的设置相同时,若以下几个中断同时发生,（　　）中断优先响应。

　　A. 外部中断　　B. T1　　C. 串口　　D. T0

(5) 当外部中断 0 发出中断请求后,中断响应的条件是（　　）。

　　A. ET0＝1　　B. EX0＝1　　C. IE＝0x81　　D. IE＝0x61

(6) 计算机在使用中断方式与外界交换信息时,保护现场的工作方式应该是（　　）。

　　A. 由 CPU 自动完成　　　　　　B. 在中断响应中完成

　　C. 应由中断服务程序完成　　　　D. 在主程序中完成

2. 判断题

（1）各中断发出的中断请求信号，都会标记在 MCS-51 系统的 IE 寄存器中。（   ）

（2）STC89C51RC 的中断源全部编程为同级时，优先级最高的是 INT1。（   ）

（3）单片机外部中断时只有用低电平触发。（   ）

（4）单片机中断系统中，只要有中断源申请中断就可中断了。（   ）

3. 填空题

（1）LED 数码管可以分为_____和_____两种结构。

（2）数码管内部没有电阻，在使用时需_____。

（3）对于同一个字符，共阴极和共阳极的字型编码是_____的。

（4）静态显示是指数码管显示某一字符时，相应的发光二极管_____或_____。

（5）锁存器是一种对脉冲电平敏感的存储单元，可以在特定输入脉冲作用下_____。

（6）中断就是_____暂时停止正在做的工作，转而去做其他更重要的事情，当该事情处理完毕后，再返回原来的位置继续做被中止的工作。

（7）中断是需要被某些因素触发的，中断的触发（请求）源称为_____。

（8）8051 系列单片机的中断源可以分为_____和_____两大类。

（9）51 系列单片机对中断的处理可以概括为_____、_____和_____三个过程。

4. 简答题

（1）数码管的工作原理是什么？

（2）锁存器的主要作用是什么？

（3）简述中断的处理过程。

（4）简述中断嵌套的原理。

（5）优先级的控制原则有哪些？

（6）简述动态显示的基本原理。

项目五　串行口通信原理

【项目描述】

随着单片机系统的广泛应用和计算机网络技术的普及，单片机的通信功能越来越重要。单片机通信是指单片机与计算机或单片机与单片机之间的信息交换，单片机与计算机之间的通信通常用得较多。

本项目将以串行口通信原理为切入点，对通信展开学习。

【项目目标】

① 了解并行通信方式和串行通信方式；
② 了解单工通信和双工通信的原理；
③ 了解同步通信和异步通信的原理；
④ 掌握串行接口的物理标准；
⑤ 培养安全意识、质量意识和操作规范等职业素养。

任务 5.1　串行数据转换为并行数据

【任务描述】

嵌入式系统的通信方式有很多种，常用的有并行通信、串行通信、单工通信、双工通信、同步通信及异步通信等。下面，以串行数据转换为并行数据为例进行学习。

【相关知识】

5.1.1　并行通信和串行通信

按照通信的传输方式不同，可以将其分为并行通信和串行通信两种。

（1）并行通信

并行通信是指构成信息的二进制字符的各位数据同时传输的通信方式。在并行通信中，有多个数据位同时在两个设备间传输，发送方将这些数据位通过对应的数据线传输给接收方，接收方接收到这些数据后不需要任何处理就可以直接使用，如图 5-1（a）所示。

并行通信的特点是传输速率快、传输线多、效率高、处理简单，但通信成本高，适合于近距离的数据通信。

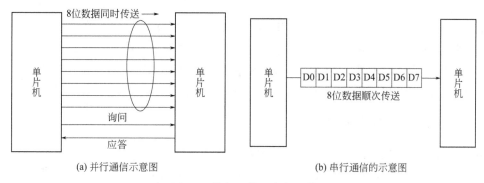

图 5-1 并行通信和串行通信

(2) 串行通信

串行通信是指构成信息的二进制字符的各位数据一位一位顺序地传输的通信方式。在串行通信中，数据一位一位地按顺序传输，发送方首先将数据由并行转为串行后，逐位传输到接收方，接收方将接收到的串行数据再次恢复成并行数据，如图 5-1（b）所示。

串行通信的特点是速率慢，但线路简单、成本低、传输线少，适合于长距离数据传输。

5.1.2 单工通信和双工通信

串行通信按照数据传输的方向和时间关系可分为单工通信、半双工通信和全双工通信三种。

(1) 单工通信

单工通信的信道是单向的，发送端和接收端"身份"固定，发送端只能发送信息，不能接收信息，而接收端只能接收信息，不能发送信息，数据信号仅从发送端传送到接收端，即信息流是单方向的，通信线的一端是发送器，一端是接收器，数据只能按照一个固定的方向传输。例如无线电广播，广播信息只能由广播台到收音机，单向不可逆。如图 5-2（a）所示。

(2) 半双工通信

半双工通信是指两台相互通信的设备均具有收发数据的能力，但在某一时间内只能执行一种收或发的操作，不能同时执行收发两种操作。例如常用的对讲机就是半双工通信，对讲机持有双方都可以讲话，但在同一时间只能有一方在讲话，另一方则处在听的状态。如图 5-2（b）所示。

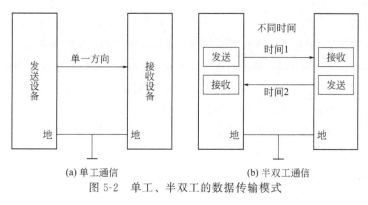

图 5-2 单工、半双工的数据传输模式

（3）全双工通信

全双工通信又称为双向同时通信，即通信的双方可以同时发送和接收信息，要实现双工通信，一般需要使用两个信道来完成。现在广泛使用的手机采用的就是双工通信，持手机的双方可以自由交谈，收和发都是随时进行的。如图5-3所示。

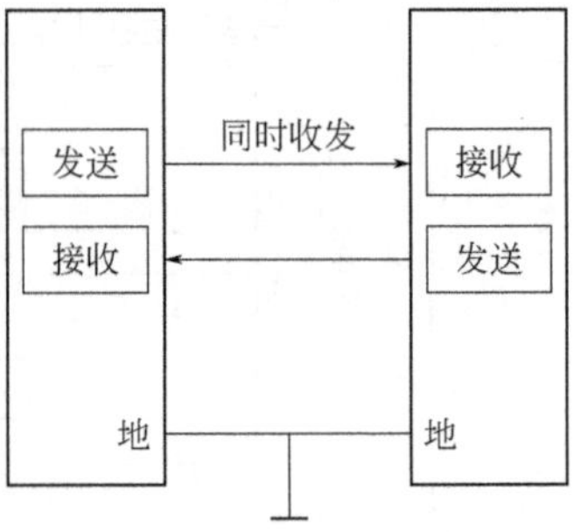

5.1.3 同步通信和异步通信

串行通信的数据是逐位传送的，发送方发送的每一位数据都具有固定的时间间隔，接收方按照发送方同样的时间间隔来接收每一位，并且确定一个信息组的开始和结束，从而正确地解码出发送方发送的数据。串行通信对传送的数据格式做了严格的规定，不同的串行通信方式具有不同的数据格式，常用的串行通信方式分为同步通信和异步通信两种。

图 5-3 全双工的数据传输模式

（1）同步通信

同步通信方式下要首先建立起发送方时钟对接收方时钟的直接控制，使收发双方达到同步状态，以保证通信双方在发送和接收数据时具有完全一致的相位关系。单片机间在同步通信时，一根线传输数据，另外一根线传输时钟。

串行通信中，发送设备和接收设备是相互独立、互不同步的，即接收端不知道发送端何时发送数据或发送的两组数据之间间隔多长时间，那么发送和接收之间靠什么信息协调从而同步工作呢？在同步通信中，是靠传输数据每个字符帧的起始位和停止位来协调同步的，即当接收端检测到传输线上出现"0"电平时，表示发送端已开始发送，而接收端也开始接收数据，两端协调同步工作；当接收端检测到停止位"1"时，表示一帧数据已发送和接收完毕。图5-4表示同步通信的数据传输格式。

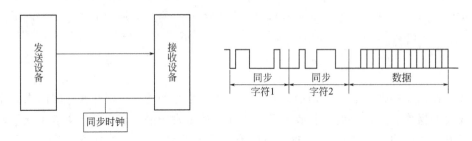

图 5-4 同步通信及数据传输格式

（2）异步通信

异步通信方式下，发送方与接收方分别使用各自的时钟控制数据的发送和接收，为使双方收发协调，要求发送方的时钟要尽可能地与接收方保持一致，接收方在每接收完一个数据后，都要重新与发送方同步一次，以确保对接收到的数据正确地解码。在异步通信中，被传输的信息通常是字符代码或字节数据，它们都以规定的相同传输格式（字符帧格式）一帧一帧地发送或接收。各数据帧之间的间隔是任意的，但每个数据帧中的各位是以固定的时间传输的。异步串行通信的示意图以及数据帧格式如图5-5所示。

异步串行通信不要求收、发双方时钟严格一致，实现容易，成本低，但是每个数据帧要附加起始位、停止位，有时还要再加上校验位。

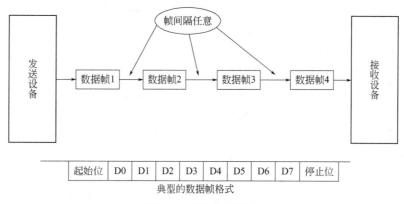

图 5-5 异步串行通信

同步串行通信相比异步串行通信,数据传输的效率较高,但是额外增加了一条同步时钟线。

① 字符帧:也叫数据帧,格式由四部分组成:起始位、数据位、奇偶校验位和停止位,如图 5-6 所示。下面介绍各部分的功能。

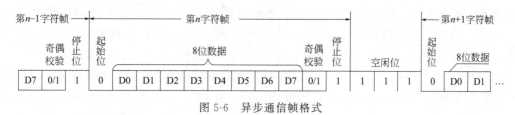

图 5-6 异步通信帧格式

起始位:在没有数据传输时,通信线上处于逻辑"1"状态。

数据位:在起始位之后,发送端发出(接收端接收)的是数据位,数据的位数没有严格限制,如 5 位、6 位、7 位或 8 位等。由低位到高位逐位传送。

奇偶校验位:数据位发送完(接收完)之后,可发送奇偶校验位,它只占帧格式的一位,用于传输数据的有限差错检测或表示数据的一种性质,是发送和接收双方预先约定好的一种检验(检错)方式。

停止位:字符帧格式的最后部分为停止位,逻辑"1"电平有效,位数可以是 1 位、½ 位或 2 位,表示一个字符帧信息的结束,也为发送下一个字符帧信息做好准备。

② 波特率:异步通信的一个重要指标为波特率。

波特率为每秒传送二进制数码的位数,也叫比特数,单位为 b/s(bps),即位/秒。波特率用于表征数据传输的速率,波特率越高,数据传输速率越高。但波特率和字符的实际传输速率不同,字符的实际传输速率是每秒内所传字符帧的帧数,和字符帧格式有关。

通常,异步通信的波特率为 50~9600b/s。

异步通信的优点是不需要传输同步时钟,字符帧长度不受限制,故设备简单;缺点是字符帧中因包含起始位和停止位而降低了有效数据的传输速率

波特率是串行通信的重要指标,对数据的成功传送至关重要。

5.1.4 串行接口的电气标准

8051 系列单片机的串行接口输入/输出均使用 TTL 电平方式。当单片机与外部设备进行数据交换时,TTL 方式完全能够胜任,但在与 PC 进行通信时,TTL 方式因抗干扰性差、

电平损耗大等原因而有些力不从心，这时可以选择 RS-232C 通信方式，以实现近距离的数据通信。如果是在工厂、煤矿等远距离、强干扰的复杂环境下，RS-232C 通信方式也捉襟见肘，只有 RS-422A、RS-485 通信方式才能满足通信的要求。

(1) TTL 电平通信接口

如果两个单片机的通信距离在 1m 以内，就可以将它们的串行接口直接相连，实现芯片间的通信。在 TTL 电平通信方式下，单片机使用 +3~+5V 来表示逻辑"1"，使用 0V 来表逻辑"0"。发送器的 TXD 引脚连接至接收器的 RXD 引脚，接收器的 TXD 引脚则连接至发送器的 RXD 引脚。两个 8051 单片机间的 TTL 电平通信连接方式如图 5-7 所示。

(2) RS-232C 通信接口

RS-232C 接口（EIA RS-232C）是常用的一种串行通信接口标准，于 1970 年由美国电子工业协会（EIA）联合贝尔系统、调制解调器厂家以及计算机终端制造商共同制定完成，并用于串行通信的接口电气标准，它的全称是数据终端设备（DTE）和数据通信设备（DCE）之间串行二进制数据交换接口技术标准。RS-232C 是一种在低速率串行通信中增加通信距离的单端标准，采用不平衡传输方式，收发端的数据信号都是相对于地的，使用正负电压来表示逻辑状态，即使用 −5~−15V 表示逻辑"1"、+5~+15V 表示逻辑"0"。由于 RS-232C 电平接口使用两根信号线构成共地的传输形式，其共模抑制能力较差，容易产生共模干扰，再加上双绞线上的分布电容，其传输距离最大约为 15m，最高传输速率 20kb/s。

由于 RS-232C 电平与 TTL 电平不兼容，在单片机使用 RS-232C 标准进行通信时，必须进行电平和逻辑关系的转换，目前较为常用的电平转换器件是美信公司推出的 MAX232，其引脚排列和典型电路如图 5-8 和图 5-9 所示。MAX232 内部包含有两组驱动/接收器件，支持从 EIA-232 电平至 5V 的 TTL/CMOS 电平的双向转换。

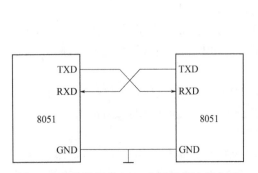

图 5-7 单片机间的 TTL 电平通信连接方式

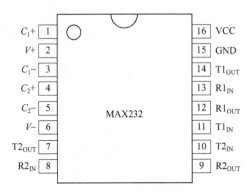

图 5-8 MAX232 的引脚排列

注意：在使用 MAX232 设计电路时，需要将 MAX232 引脚 OUT 端连接至单片机的 RXD 端，MAX232 的 IN 端连接至单片机的 TXD 端，才能保证两者之间的正常通信。

(3) RS-422A 通信接口

由于 RS-232C 标准存在许多不足之处，EIA 又制定出了 RS-422A 标准。应当说 RS-232C 既是一种电气标准，又是一种物理接口功能标准，既规定了通信的电平，又规定了连接器件的样式，而 RS-422A 仅是一种电气标准，它并不涉及硬件接口的标准。

RS-422A 标准采用平衡驱动和差分接收的通信方式，信号在一对双绞线上以相反极性传输，一条线上为高电平时，另一条线上为低电平，发送驱动器两条线之间的正电平为

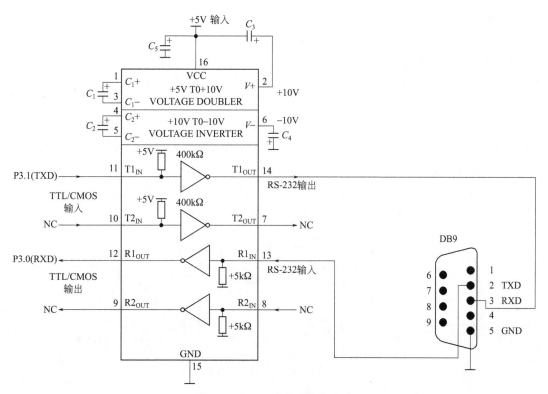

图 5-9　RS-232C 电平转换电路

+2～+6V，负电平为 −2～−6V。这种传输方式可以使信号在每根双绞线上产生的磁场相互抵消，从而将电磁干扰减至最小，RS-422A 也因此具有很强的抗共模干扰能力。

RS-422A 接口电路原理如图 5-10 所示。当 TTL 电平的逻辑 "1" 从 A 点输入时，在 B 点会输出经取反后为 0V 的低电平，而在 C 点输出的是 +5V 的高电平，这种 B 低 C 高的线路电压状态，在差分接收器中会被还原成 TTL 电平的 "1"。反之，当从 A 点输入逻辑 "0" 时，B 点为 +5V，C 点为 0V，这种线路电压状态会被还原成 TTL 电平的 "0"。

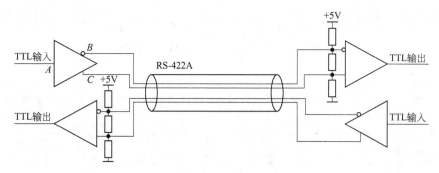

图 5-10　RS-422A 接口电路原理

RS-422A 是四线接口，发送和接收均为单独通道，在相同传输线上最多允许接 10 个节点，一个主设备，其余为从设备，从设备之间不能通信，所以 RS-422A 是一种支持 "点对多" 的双向通信协议。在实际应用中，RS-422A 需要接终端电阻，其阻值约等于传输电缆的特性阻抗，在短距离传输时终端电阻也可以省略。RS-422A 的最大传输速率可达 10Mb/s，在 100kb/s 的速率下最大传输距离能达到 1200m。

（4）RS-485 通信接口

RS-485 是由 RS-422A 演变而来，区别在于 RS-422A 为全双工四线制，采用两对差分信号线传输数据，而 RS-485 为半双工二线制，采用一对差分信号线传输数据。在 RS-485 标准中实现了多点、双向通信，增加了发送器的驱动能力和冲突保护特性，在一对通信线路上最多可以使用 32 个发送器和 32 个接收器。

RS-485 采用半双工工作方式，任何时候只能有一点处于发送状态，因此发送电路须由使能信号加以控制。使能信号可以控制发送驱动器与传输线间的切断与连接，当"使能"端关闭时，发送驱动器处于高阻状态。由于 RS-485 满足所有 RS-422A 的规范，可以在基于 RS-422A 标准的网络中应用。与 RS-422A 一样，RS-485 最大传输距离约为 1200m，最大传输速率为 10Mb/s，其接口的电路原理如图 5-11 所示。

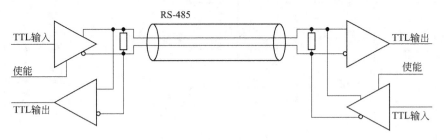

图 5-11　RS-485 的电路原理

在实际使用中，通常是使用专用的 485 转换器将 TTL 电平转换成 RS-485 电平，实现双机或多机通信。由 MAX485 构成的双机二线制通信和多机二线制通信原理如图 5-12 和图 5-13 所示。

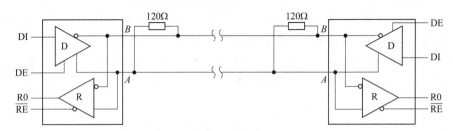

图 5-12　MAX485 双机二线制通信原理

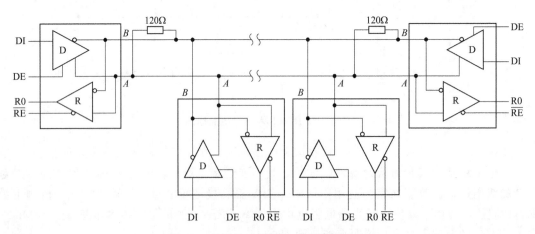

图 5-13　MAX485 多机二线制通信原理

5.1.5 串行接口的物理标准

RS-232C 物理标准规定接口通向外部的连接器是一种型号为 DB25 的 25 芯插针插座。在实际应用中，RS-232C 规定的 25 条引线中一般只使用 3～9 条线，所以 RS-232C 还规定了另一种小型的连接器 DB9，它采用 9 芯插头插座，其引脚定义和连接器实物如图 5-14 和图 5-15 所示，引脚功能见表 5-1。

表 5-1 DB9 连接器引脚定义

针号	功能说明	缩写	针号	功能说明	缩写
1	数据载波检测	DCD	6	数据设备准备好	DSR
2	发送数据	TXD	7	请求发送	RTS
3	接收数据	RXD	8	清除发送	CTS
4	数据终端准备好	DTR	9	振铃指示	RI
5	信号地	GND			

注：通常情况下单片机与 PC 连接只需使用发送数据、接收数据和信号地三根线即可。

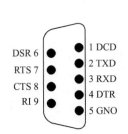

图 5-14 DB9 连接器引脚定义

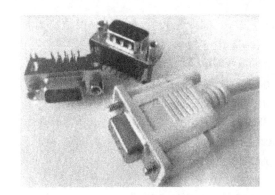

图 5-15 DB9 连接器

5.1.6 多机通信

使用串行接口组网构成总线型主从式结构，可以实现多机通信，如图 5-16 所示。图中仅有一个主机，其余均是从机，从机要服从主机的调度和支配。使用 8051 系列单片机实现多机通信时，串行口可以工作在方式 2 或方式 3，发送和接收一帧数据是 11 位，其中包括 1 个起始位、8 个数据位、1 个程控位和 1 个停止位。程控位用于区分地址帧或数据帧，当程控位为"1"时，该帧为地址帧；为"0"时，该帧为数据帧。为了延长通信距离，在实际的多机组网通信中，常采用 RS-485 标准总线进行数据传输。

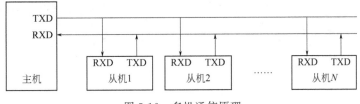

图 5-16 多机通信原理

多机通信的设置如下。

① 将所有从机的 SM2 位置位,使其处于只接收地址帧的状态。

② 主机发送一个地址帧,其中包含 8 位地址信息,并且程控位为"1",表示发送的是地址。

③ 每一个从机收到地址帧后,各自将收到的地址与其本机的地址相比较。

④ 地址相符的从机将 SM2 位清零,将本机置于接收所有数据的状态,而其他从机则保持 SM2 位不变,仍处于接收地址的状态。

⑤ 主机发送数据信息(程控位为 0),只有 SM2 位清零的从机能接收到该数据帧,其他从机因为 SM2 位为"1"不能接收数据帧。

⑥ 主机要与其他从机通信时,可以再次发送地址帧,先前与主机通信的从机会将自身的 SM2 位再次置位,并对随后发来的数据帧不响应。

【任务实施】

(1) 控制要点分析

串行数据转换为并行数据的程序设计。

(2) 硬件电路图

结合控制要求,所设计的串行数据转换为并行数据的硬件电路图如图 5-17 所示。

(3) 控制程序设计

结合控制要求,所设计的串行数据转换为并行数据的控制程序如下:

```c
#include<reg51.h>
#include<intrins.h>
#define uchar unsigned char
#define uint unsigned int
sbit SPK=P3^7;
uchar FRQ=0x00;
void DelayMS(unsigned int x)
{
    for(i=x;i>0;i--)
    for(j=110;j>0;j--);
}
void main()
{
uchar c=0x80;
SCON=0x00;
TI=1;
while(1)
{
c=_crol_(c,1);
SBUF=c;
while(TI==0);
TI=0;
DelayMS(400);
}
}
```

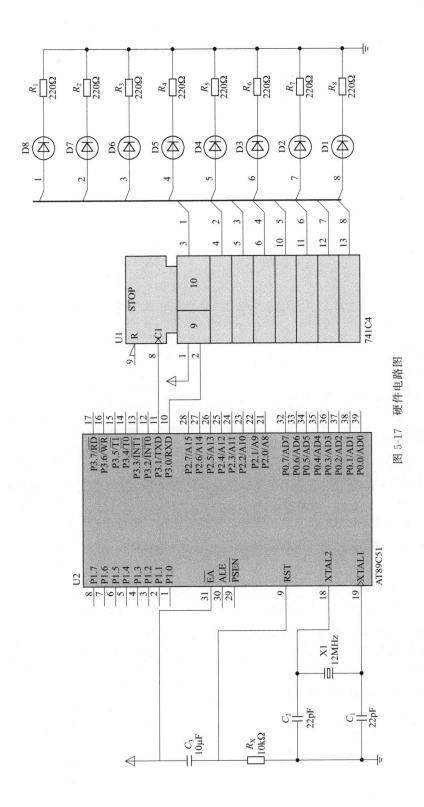

图 5-17 硬件电路图

(4) 联机调试

控制程序编译正确后,烧入单片机中进行调试,观察串行数据转换为并行数据的实验现象。

记一记

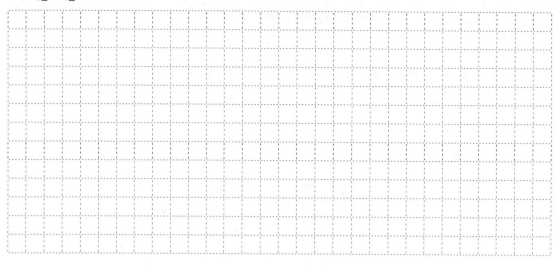

【知识训练】

1. 选择题

(1) 单片机输出的信号为（　　）电平。

　　A. RS-485　　　　B. RS-232C　　　　C. TTL　　　　D. RS-232

(2) 单片机的串行接口属于单片机的（　　）。

　　A. 片内资源　　　B. 片外资源　　　　C. 外部设备　　D. 扩展设备

(3) 单片机的串行接口工作于方式 0 时,RXD 引脚作为（　　）引脚使用。

　　A. 输入　　　　　B. 输出　　　　　　C. 输入/输出　　D. 时钟

(4) 当串行接口采用中断方式工作时,发送或接收一帧数据后,其中断标志（　　）。

　　A. 会自动清零　　B. 需软件清零　　　C. 需硬件清零　　D. 不允许操作

2. 填空题

(1) 串行通信的数据是_____传送的,发送方发送的每一位数据都具有_____间隔,接收方按照发送方同样的时间间隔来接收每一位,并且确定一个信息组的开始和结束。

(2) 常用的串行通信方式分为_____和_____两种。

(3) 数据通信的基本方式可分为_____通信与_____通信两种。

(4) 串行通信的制式可分为三种：_____、_____和_____。

(5) 串行通信是指将数据_____传送。串行通信的特点是：仅需____根传输线即可完成,节省传输线,串行通信的速度_____；传输距离_____；通信时钟频率_____；抗干扰能力_____；使用的传输成本_____。

(6) 异步通信是指_____,它以_____格式为单位进行传输。字符宽度由_____决定。

（7）多机通信时，主机向从机发送的第 9 位数据为 0 时，表示_____；为 1 时，表示_____。

（8）多机通信以 TTL 电平进行时主从机之间的连接以不超过_____为宜，若要远距离传送应选用_____或_____。

3. 简答题

（1）串行通信传输速率由什么决定？如何设置？异步通信的概念是什么？

（2）MCS-51 单片机的串行接口有几种工作方式？有几种帧格式？各工作方式的波特率如何确定？

（3）单片机与 PC 机之间进行通信时为什么要进行电平转换？

（4）MCS-51 单片机 SCON 中的 SM2、TB8、RB8 有何作用？简述单片机多机通信的原理。

项目六　交通灯控制系统的程序设计

【项目描述】

在现代社会中，没有高效运转的交通运输体系，就不可能有经济的持续发展。然而，随着社会经济的发展，机动车数量迅速增加，引发了交通越来越拥堵、交通事故频发、环境污染加剧和燃油消耗上升等诸多问题。目前国内已有一些自主开发的城市交通控制与管理系统。国内的交通灯一般设在十字路口，在醒目位置用红、绿、黄三种颜色的指示灯，加上倒计时的显示计时器来控制车辆行驶。

本项目以交通灯控制系统为切入点，学习 switch 语句的使用方法及程序设计思路等，进而能够使用单片机实现对交通灯控制系统进行程序设计。

【项目目标】

① 掌握 switch 语句的使用方法；
② 掌握交通灯控制系统的工作流程；
③ 培养安全意识、质量意识和操作规范等职业素养。

任务 6.1　交通灯控制系统的程序设计

【任务描述】

观察十字路口交通灯的实际情况，了解交通灯的变化过程，从而对交通灯控制系统的程序进行设计。

控制要求：东西向绿灯亮 5s 后，黄灯闪烁，闪烁 5 次亮红灯，红灯亮后，南北向由红灯变成绿灯，5s 后南北向黄灯闪烁，闪烁 5 次后亮红灯，东西向绿灯亮，如此反复。

【相关知识】

6.1.1　switch 语句

多分支可以使用嵌套的 if 语句处理，但如果分支较多，嵌套的 if 语句层数多，会使程序冗长，降低可读性。switch 语句又称为开关语句，专门用来处理多分支选择问题，比复合 if 语句及嵌套 if 语句方便灵活，而且程序可读性也更好。

switch 语句的语法格式如下
switch(表达式)

```
{
case 常量表达式 1:语句 1;break;
case 常量表达式 2:语句 2;break;
…
case 常量表达式 n:语句 n;break;
default:语句n +1;
}
```

其含义为：先计算表达式的值，判断此值是否与某个常量的值匹配，如果匹配，控制流程转向其后的语句；否则，检查 default 是否存在，若存在则执行其后的语句，否则结束 switch 语句。

switch 语句的流程图如图 6-1 所示。

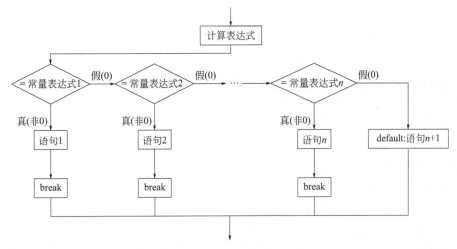

图 6-1　switch 语句的流程图

switch 语句的说明如下。

① switch 括号后面的表达式允许为任何类型，一般为整型或字符型等有序类型。

② 当"表达式"的值与某个 case 后面的常量表达式的值相等时，就执行此 case 后面的语句。如果表达式的值与所有 case 后面的常量表达式都不匹配，就执行 default 后面的语句（如果没有 default 就跳出 switch 执行 switch 语句后面的语句）。

③ 各个常量表达式的值必须互不相同，否则会出现矛盾。

④ case、default 出现的顺序不影响执行结果。

⑤ 执行完一条 case 后面的语句后，若最后没有 break，流程控制转移到下一个 case 中的语句继续执行。此时，"case 常量表达式"只是起到语句标号的作用，并不在此处进行条件判断。在执行一个分支后，可以使用 break 语句使流程跳出 switch 结构，即终止 switch 语句的执行（第一个分支可以不用 break 语句）。

⑥ case 后面如果有多条语句，不必用 { } 括起来。

⑦ 多个 case 可以共用一组执行语句（注意 break 使用的位置）。

⑧ 在关键字 case 和常量表达式之间一定要有空格。

【例 6.1】使用 switch 语句完成成绩等级的划分。D 不及格（＜60）、C 及格（60～79）、B 良好（80～89）、A 优秀（90～100）。

程序代码如下：
```c
#include "stdio.h"
main( )
{
float score;char ch;
scanf("%f",&score);
switch((int)(score/10.0))
{
case 10:
case 9:ch='A'; break;
case 8:ch='B'; break;
case 7:
case 6:ch='C'; break;
default:ch='D';
}
printf("score=%.1f,grade=%c\n",score,ch);
}
```
输入成绩 78，程序运行结果如下：
score=78.0,grade=C

【任务实施】

（1）控制要点分析

① switch 语句的使用方法；

② 交通灯控制系统的程序设计。

（2）硬件电路图

结合控制要求，所设计的交通灯控制系统的硬件电路图如图 6-2 所示。

（3）控制程序设计

结合控制要求，所设计的交通灯控制系统的程序如下：

```c
#include<reg51.h>
#define uchar unsigned char
#define uint unisgned int
sbit Hong_DX=P1^0;
sbit Huang_DX=P1^1;
sbit Lv_DX=P1^2;
sbit Hong_NB=P1^3;
sbit Huang_NB=P1^4;
sbit Lv_NB=P1^5;
uchar Flash_Count=0,Operation_Type=1;
unsigned int i,j;
void Delay(unsigned int x)
{
    for(i=x;i>0;i--)
```

```c
    for(j=110;j>0;j--);
}
void Traffic_Light()
{
    switch(Operation_Type)
    {
    case 1:
      Hong_DX=1;Huang_DX=1;Lv_DX=0;
      Hong_NB=0;Huang_NB=1;Lv_NB=1;
      Delay(5000);
      Operation_Type=2;
      break;
    case 2:
      Delay(300);
      Huang_DX=~Huang_DX;Lv_DX=1;
      if(++Flash_Count!=10)return;
      Flash_Count=0;
      Operation_Type=3;
      break;
    case 3:
      Hong_DX=0;Huang_DX=1;Lv_DX=1;
      Hong_NB=1;Huang_NB=1;Lv_NB=0;
      Delay(5000);
      Operation_Type=4;
      break;
    case 4:
      Delay(300);
      Huang_NB=~Huang_NB;Lv_NB=1;
      if(++Flash_Count!=10)return;
      Flash_Count=0;
      Operation_Type=1;
    }
}
void main()
{
    while(1)Traffic_Light();
}
```

(4) 联机调试

控制程序编译正确后，烧入单片机中进行调试，观察交通灯控制系统的实验现象。

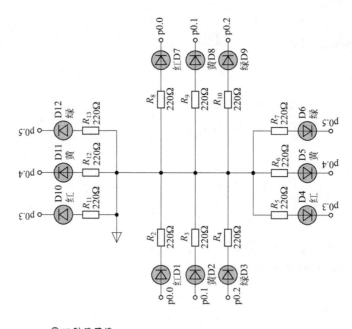
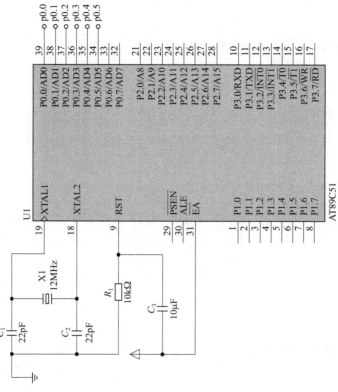

图 6-2 硬件电路图

记一记

任务 6.2 复杂交通灯控制系统的程序设计

【任务描述】

观察十字路口交通灯的实际情况，了解交通灯的变化过程，从而对交通灯控制系统的程序进行设计。

控制要求：设计一个基于单片机的交通灯信号控制器。已知东、西、南、北四个方向各有红、黄、绿三个灯，在东西方向有两个数码管，在南北方向也有两个数码管。要求交通灯按照表 6-1 进行显示和定时切换，并要求在数码管上分别倒计时显示东西、南北方向各状态的剩余时间。

表 6-1 交通灯的状态切换表

南北方向		东西方向	
序号	状态	序号	状态
1	绿灯亮 25s，红、黄灯灭	1	红灯亮 30s，绿、黄灯灭
2	黄灯亮 5s，红、绿灯灭		
3	红灯亮 30s，绿、黄灯灭	2	绿灯亮 25s，红、黄灯灭
		3	黄灯亮 5s，红、绿灯灭
回到状态 1		回到状态 1	

【相关知识】

6.2.1 定时器/计数器

定时器/计数器从电路上来讲是一个脉冲计数器，当计数脉冲来自单片机内部机器周期时,称其为定时器,而当计数脉冲来自单片机外部的输入信号时,则称其为计数器。

(1) 认识定时器/计数器

一般 8051 系列单片机内部设有 2 个 16 位可编程定时器/计数器,简称定时器/计数器 0(T0) 和定时器/计数器 1(T1)。16 位的定时器/计数器实质上是一个加 1 计数器,可实现定时和计数两种功能,由软件控制和切换。定时器/计数器属硬件定时和计数,是单片机中效率高且工作灵活的部件。

(2) 定时器/计数器的主要特性

① MCS-51 系列中 51 子系列有 2 个 16 位的可编程定时器/计数器——定时器/计数器 T0 和定时器/计数器 T1,52 子系列有 3 个,还有 1 个定时器/计数器 T2。

② 每个定时器/计数器既可以对系统时钟计数实现定时功能,也可以对外部信号计数实现计数功能,通过编程设定来实现。

③ 每个定时器/计数器都有多种工作方式,其中 T0 有四种工作方式,T1 有三种工作方式,T2 有三种工作方式。通过编程可设定它们工作于某种方式。

④ 每一个定时器/计数器定时或计数时间到时产生溢出,使相应的溢出位置位,溢出可通过查询或中断方式处理。

(3) 定时器/计数器的结构和功能

定时器/计数器 T0、T1 的结构如图 6-3 所示,它由加法器、工作方式寄存器 TMOD、控制寄存器 TCON 等组成。

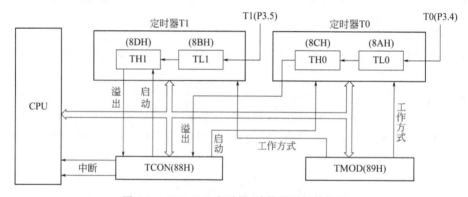

图 6-3　AT89C51 定时器/计数器逻辑结构图

① 定时器/计数器的核心是 16 位加法器,在图 6-3 中就是 TH1、TL1、TH0、TL0,都是 8 位的特殊功能寄存器,可以单独使用,也可以连起来使用。TH1 和 TL1 连起来使用就是 T1 的 16 位加法器;TH0 和 TL0 连起来使用就是 T0 的 16 位加法器。

② 工作方式寄存器 TMOD 用来设定 T1 和 T0 的工作方式,控制寄存器 TCON 用来控制定时器/计数器的启动、停止和溢出。

③ 当定时器/计数器用来定时时,加法器对内部机器周期 T 计数,由于机器周期 T 是个定值,所以对 T 的计数就是定时。如 MCS-51 常使用的主频有 6MHz 和 12MHz 两种。主频 6MHz 的 MCS-51 单片机,一个机器周期 T 就是 $2\mu s$;主频 12MHz 的 MCS-51 单片机,一个机器周期 T 就是 $1\mu s$,例如使用主频 12MHz MCS-51 单片机,计数 100 次,就是定时 $100\mu s$。

④ 当定时器/计数器用来计数时,T0 计数脉冲从 P3.4 输入,T1 计数脉冲从 P3.5 输

入。每来一个脉冲计数器加1，当计数器加满再加1时，就会产生溢出，此时计数器清零，同时使 TCON 中的溢出标志置1，T0 溢出标志是 TF0，T1 溢出标志是 TF1。此标志可以用软件查询，也可以向 CPU 申请中断。

加法计数器在使用时注意以下两个方面。

① 由于它是加法计数器，每来一个计数脉冲，加法器中的内容加1个单位，当由全1再加1，计满溢出，因而，如果要计 N 个单位，则首先应向计数器置初值为 X，且有初值 $X=$最大计数值(满值)$M-$计数值 N。在不同的计数方式下，最大计数值（满值）不一样，一般来说，当定时器/计数器工作于 R 位计数方式时，它的最大计数值（满值）为2的 R 次幂。

② 当定时器/计数器工作于计数方式时，对芯片引脚 T0(P3.4) 或 T1(P3.5) 上的输入脉冲计数，计数过程如下：在每一个机器周期的固定时刻对 T0(P3.4) 或 T1(P3.5) 上信号采样一次，如果上一个机器周期采样到高电平，下一个机器周期采样到低电平，则计数器加1，计数一次，因而需要两个机器周期才能识别一个计数脉冲，由于一个机器周期需要12个主频周期，所以外部计数脉冲的频率应小于振荡频率的 1/24。

6.2.2 定时器/计数器的寄存器

(1) 工作方式寄存器 TMOD

TMOD（Timer Control Register）用于控制 T0 和 T1 的工作方式，8 位格式如图 6-4 所示。TMOD 的地址为 89H，其各位状态只能通过 CPU 的字节传送指令来设定而不能用位寻址指令改变，复位时各位状态为 0。

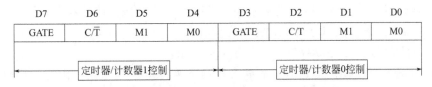

图 6-4 定时器/计数器工作方式寄存器 TMOD 格式

TMOD 高 4 位控制 T1，低 4 位控制 T0，每位都有一个大写的、在头文件 "reg51.h" 中定义过的名字，在程序中，引用头文件 "reg51.h" 后，可以对 TMOD 按位访问。

M1、M0：工作方式选择位。定时器/计数器的 T0 有四种工作方式，T1 有三种工作方式，工作方式选择如表 6-2 所示。

表 6-2 T0、T1 工作方式选择

M1	M0	工作方式	定时器/计数器功能
0	0	方式 0	13 位定时器/计数器
0	1	方式 1	16 位定时器/计数器
1	0	方式 2	自动重装初值的 8 位定时器/计数器
1	1	方式 3	T0:分为 2 个 8 位独立定时器/计数器;T1:停止定时/计数

$C/\overline{T}$：定时或计数方式选择。$C/\overline{T}=1$，定时器/计数器工作在计数方式；$C/\overline{T}=0$，定时器/计数器工作在定时方式。

GATE：门控位，用于设定定时或计数的启动是否受外部中断请求信号控制。GATE=1，定时器/计数器的 T0 的启动除受 TR0 控制外，还受外部中断请求信号（P3.2）的控制，只有为高电平并且 TR0＝1，T0 才能启动；定时器/计数器的 T1 的启动除受 TR1 控制外，还受外部中断请求信号（P3.3）的控制，只有为高电平并且 TR1＝1，T1 才能启动。这在定时器/计数器的工作需要与外部信号同步时非常有用。如果 GATE＝0，定时器/计数器的启动不受外部中断请求信号控制，一般情况下，GATE＝0。

（2）控制寄存器 TCON

控制寄存器 TCON 是一个 8 位寄存器，用于控制定时器/计数器的启动/停止以及标志定时器/计数器溢出中断申请。TCON 的地址为 88H，既可进行字节寻址又可进行位寻址。复位时所有位被清零。各位定义如图 6-5 所示。图中 TR0 和 TR1 分别用于控制 T0 和 T1 的启动与停止，TF0 和 TF1 用于标志 T0 和 T1 是否产生了溢出中断请求。

D7	D6	D5	D4	D3	D2	D1	D0
TF1	TR1	TF0	TR0	IE1	IT1	IE0	IT0

图 6-5　控制寄存器 TCON 格式

TF1：定时器/计数器 1（T1）的溢出标志位，当 T1 计满溢出时，由硬件使 TF1＝1，可以使用此信号向 CPU 申请中断。在中断程序中要清零 TF1。

TF0：定时器/计数器 0(T0) 的溢出标志位，当 T0 计满溢出时，由硬件使 TF0＝1，可以使用此信号向 CPU 申请中断。在中断程序中要清零 TF0。

TR1：定时器/计数器 1(T1) 的启动位，TR1＝1，定时器/计数器 T1 启动；TR1＝0，定时器/计数器 1 停止。该信号可由软件置位或清零。

TR0：定时器/计数器 0(T0) 的启动位，TR0＝1，定时器/计数器 T0 启动；TR0＝0，定时器/计数器 0 停止。该信号可由软件置位或清零。

TCON 的低 4 位用于中断控制，后面章节会介绍。

T0 和 T1 是在 TMOD 和 TCON 的联合控制下进行定时或计数工作的，其输入时钟和控制逻辑可用图 6-6 综合表示。

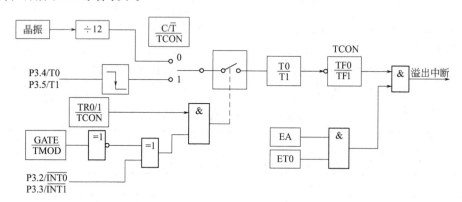

图 6-6　T0 和 T1 输入时钟与控制逻辑图

6.2.3　定时器/计数器的工作方式

按照 TMOD 寄存器上 M1、M0 位的设置不同，定时器/计数器可以工作在以下四种方式。

(1) 方式 0

方式 0 时,定时器/计数器被设置为一个 13 位的定时器/计数器,这 13 位由 TH 的高 8 位和 TL 中的低 5 位组成,其中 TL 中的高 3 位不用,如图 6-7 所示。

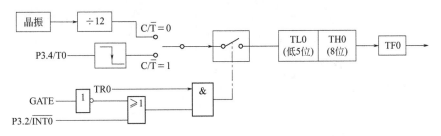

图 6-7　T0 在方式 0 下的逻辑结构图

① 当 C/$\overline{T}$=0 时,T0 选择为定时器模式,对 CPU 内部机器周期加 1 计数,其定时时间为:$T=(2^{13}-T0\text{初值})\times$机器周期。

② 当 C/$\overline{T}$=1 时,T0 选择为计数器模式,对 T0(P3.4) 脚输入的外部电平信号由 "1" 到 "0" 的负跳变进行加 1 计数。

③ 当 GATE=0 时,或门的另一输入信号 $\overline{INT0}$ 将不起作用,仅用 TR0 来控制 T0 的启动与停止。

④ 当 GATE=1 时,$\overline{INT0}$ 和 TR0 同时控制 T0 的启/停。只有当两者都为 "1" 时,定时器 T0 才能启动计数。

(2) 方式 1

方式 1 时,定时器/计数器被设置为一个 16 位的定时器/计数器,该定时器/计数器由高 8 位 TH 和低 8 位 TL 组成。定时器/计数器在方式 1 下的工作情况与在方式 0 下时的基本相同,差别只是定时器/计数器的位数不同。

(3) 方式 2

方式 2 时,定时器/计数器被设置成一个 8 位定时器/计数器 TL0(或 TL1)和一个具有计数初值重装功能的 8 位寄存器 TH0(或 TH1)。逻辑结构如图 6-8 所示。

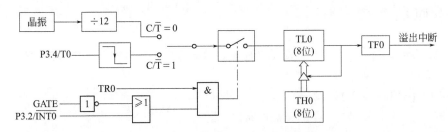

图 6-8　T0 在方式 2 下的逻辑结构图

(4) 方式 3

T0 和 T1 在前三种工作方式下,二者功能是完全相同的,但在方式 3 下,T0 与 T1 的功能相差很大。当 T1 设置为方式 3 时,它将保持初始值不变,并停止定时/计数,其状态相当于将启/停控制位设置成 TR1=0,因而 T1 不能工作在方式 3 下。当将 T0 设置为方式 3 时,T0 的两个寄存器 TH0 和 TL0 被分成两个互相独立的 8 位计数器,其逻辑结构如图 6-9 所示。

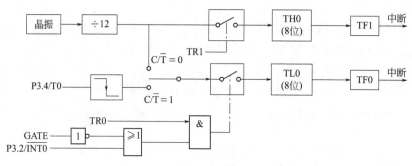

图 6-9　T0 在方式 3 下的逻辑结构图

6.2.4　定时器/计数器的应用

在写单片机的定时器/计数器程序时，在程序开始处需要对定时器/计数器及中断寄存器做初始化设置，通常定时器/计数器初始化过程如下：

① 对 TMOD 赋值，以确定 T0 和 T1 的工作方式。
② 计算初值，并将初值写入到 TH0、TL0 或 TH1、TL1。
③ 中断方式时，则对 IE 赋值，开放中断。
④ TR0 或 TR1 置位，启动定时器/计数器定时或计数。

（1）方式 0 应用

【例 6.2】利用定时器/计数器 0 的工作方式 0，在 TX-1C 实验板上实现第一个发光二极管以 1s 亮灭闪烁。

新建文件，程序代码如下：

```
#include<reg52.h>          /*52系列单片机头文件*/
#define uchar unsigned char
#define uint unsigned int
sbit led1=P1^0;
uchar num;
void main( )
{
    TMOD=0x00;             /*设置定时器/计数器 0 为工作方式 0(00000000) */
    TH0=(8192-4607)/32；   /*装初值*/
    TL0=(8192-4607)%32；
    EA=1;                  /*开总中断 */
    ET0=1;                 /*开定时器/计数器 0 中断 */
    TR0=1;                 /*启动定时器/计数器 0*/
    while(1)               /*程序停止,在这里等待中断发生 */
    {
        if(num==200)       /*如果到了 200 次,说明 1s 时间到 */
        {
            num=0;         /*然后把 num 清 0,重新再计 200 次*/
            led1=-led1;    /*让发光二极管状态取反*/
```

```
            }
        }
    }
    void T0_time( ) interrupt 1
    {
        TH0=(8192- 4607)/32;      /*重装初值*/
        TL0=(8192- 4607)%32;
        num++;
    }
```

分析如下：这里用"TH0=(8192－4607)/32;"对32求模是因为定时器/计数器方式0为13位计数器，计数时只使用了TL0的低5位，这5位中最多装载32个数，再加1便会进位，与16位计数器装载256个数有所不同，因此在这里对32求模。求余同理。

(2) 方式2应用

在定时器/计数器的方式0和方式1中，当计数溢出后计数器变为0，因此在循环定时或循环计数时必须要用软件反复设置计数初值，这必然会影响到定时/计数的精度，同时也给程序设计带来很多麻烦。本节讲解的定时器/计数器方式2可解决软件反复装初值所带来的问题。

【例6.3】利用定时器/计数器0工作方式2，在TX-1C实验板上实现第一个发光管以1s亮灭闪烁。新建文件，程序代码如下：

```
#define uint unsigned int
sbit led1=P1^0;
uint num;
void main( )
{
    TMOD=0x02;              /*设置定时器/计数器0为工作方式2(00000010) */
    TH0=6;                  /*装初值*/
    TL0=6;
    EA=1;                   /*开总中断*/
    ET0=1;                  /*开定时器/计数器0中断*/
    TR0=1;                  /*启动定时器/计数器0*/
    while(1)                /*程序停止在这里,等待中断发生*/
    {
        if(num==3686)       /*如果到了3686次,说明1s时间到*/
        {
            num=0;          /*然后把num清0,重新再计3686次*/
            led1=-led1;     /*让发光二极管状态取反*/
        }
    }
}
void T0_time( ) interrupt 1
{
```

```
        num++;
    }
```

分析如下：

① 注意"uint num;"，例 6-2 中的语句是"uchar num;"，因为这里需要计的数是 3686，已经远远超过了 uchar 的范围，所以必须要修改变量的类型。这是大多数初学者容易忽视的一个问题。

② 在中断服务程序中只有一条语句"num++;"，因为方式 2 为自动重装模式，已经不再需要人为装载初值了。

③ 经过亲自做实验，也许读者已经感觉到这里的小灯闪烁频率和 1s 之间还是有一定的误差的。这是正常现象，不必怀疑是不是程序出了问题，这是因为 TX-1C 实验板上使用 11.0592MHz 晶振的缘故。弄明白问题产生的原因是关键，如果更换为 12MHz 晶振，并且将计数值改为 4000，将得到非常精确的 1s 时间。

(3) 方式 3 应用

方式 3 只适用于定时器/计数器 0(T0)，当设定定时器/计数器 T1 处于方式 3 时，定时器/计数器 T1 不定时或计数。方式 3 将 T0 分成两个独立的 8 位定时器/计数器 TL0 和 TH0。

【例 6.4】利用定时器/计数器 0 工作方式 3，在 TX-1C 实验板上实现如下描述：用 TL0 定时器/计数器对应的 8 位定时器/计数器实现第一个发光管以 1s 亮灭闪烁，用 TH0 定时器/计数器对应的 8 位定时器/计数器实现第二个发光管以 0.5s 亮灭闪烁。

新建文件，程序代码如下：
```
#include<reg52.h>            /*52 系列单片机头文件*/
#define uchar unsigned char
#define uint unsigned int
sbit led1=P1^0;
sbit led2=P1^1;
uint num1,num2;
void main( )
{
    TMOD=0x03;           /*设置定时器/计数器 0 为工作方式 3(00000011)*/
    TH0=6;               /*装初值*/
    TL0=6;
    EA=1;                /*开总中断*/
    ET0=1;               /*开定时器/计数器 0 中断*/
    ET1=1;               /*开定时器/计数器 1 中断*/
    TR0=1;               /*启动定时器/计数器 0*/
    TR1=1;               /*启动定时器/计数器 0 的高 8 位定时器/计数器*/
    while(1)             /*程序停止在这里,等待中断发生*/
    {
        if(num1>=3686)   /*如果到了 3686 次,说明 1s 时间到*/
        {
            num1=0;      /*然后把 num1 清 0 重新再计 3686 次*/
```

```
                    led1=-led1;      /*让发光二极管状态取反*/
            }
                if(num2>=1843)   /*如果到了1843次,说明0.5s时间到*/
            {
                    num2=0;          /*然后把num2清0,重新再计1843次*/
                    led2=-led2;      /*让发光二极管状态取反*/
            }
        }
}
void TL0_time( ) interrupt 1
{
        TL0=6;              /*重装初值*/
        mum1++;
}
void TH0_time( ) interrupt 3
{
        TH0=6;              /*重装初值*/
        num2++;
}
```

分析如下：

① 这里的定时器/计数器 0 的两个独立的 8 位定时器/计数器分别定时 1s 和 0.5s，TL0 定时 1s，进入中断次数为 3686 次，TH0 定时 0.5s，进入中断 1843 次，分别在定时器/计数器 0 和定时器/计数器 1 的中断服务程序中计数。

② 例 6.3 中判断计时次数用的是"if（num==3686）"语句，本程序中用的是语句"if（num1>=3686）"，更合理和安全的用法应该是按本例中的写法。原因如下：例 6.3 中主程序始终在判断 num 是否已经增加到了 3686 这个数上，一旦到达，程序会立即得出正确的判断，并且执行相应的代码；本例中除了要判断 num1 是否加到 3686 外，还要判断 num2 是否加到了 1843，如果本例也使用"=="，假如 num1 刚好加到了 3686，程序进入"if（num1==3686）"中，并且执行相应代码，此时恰好 num2 也达到了 1843，而当程序执行完"if（num1==3686）"中的语句后，等跳出来判断"if（num2==1843）"时，这时 num2 可能已经是 1844、1845 或更大的数了，那么这次判断将丢失一次 num2==1843 的机会，这样程序必然出现错误。但是当使用">="时就不会错过任何一次应有的判断。

【任务实施】

(1) 控制要点分析

① 定时器的使用方法；

② 交通灯控制系统的程序设计。

(2) 硬件电路图

结合控制要求，所设计的交通灯控制系统的硬件电路图如图 6-10 所示。

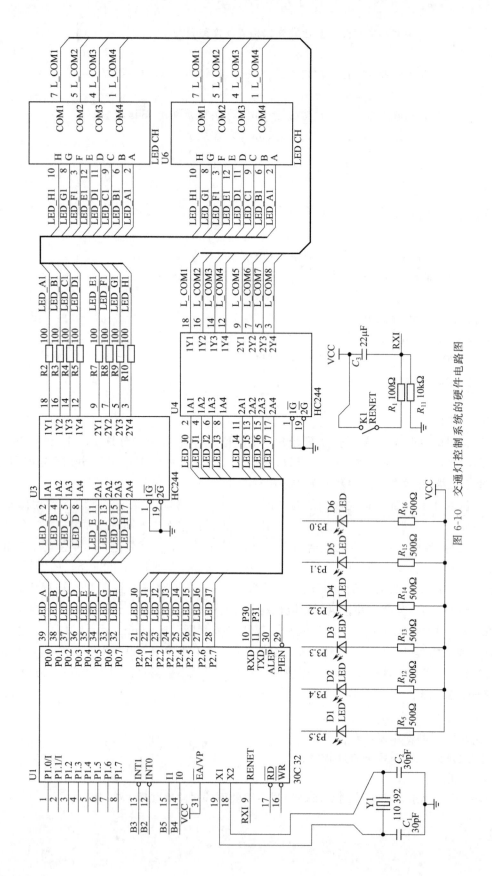

图 6-10 交通灯控制系统的硬件电路图

（3）控制程序设计

```
/*晶振：11.0592MHz   T1- 250μs 溢出一次*/
/*变量的定义：
    show_val_sn,show_val_ew:          /*显示的值 0~59*/
    state_val_sn,state_val_ew:        /*状态值,南北方向,0—绿灯亮,1—黄灯亮,2—红灯亮*/
    T1_cnt:                           /*定时器/计数器溢出数*/
    cnt_sn,cnt_ew:                    /*倒计时的数值*/
    init_sn[3],init_ew[3]             /*倒计时*/
    led_seg_code:                     /*数码管 7 段码*/
*/
#include "reg51.h"
sbit SN_green=P3^2;                   /*南北方向绿灯*/
sbit SN_yellow=P3^1;                  /*南北方向黄灯*/
sbit SN_red=P3^0;                     /*南北方向红灯*/
sbit EW_green=P3^5;                   /*东西方向绿灯*/
sbit EW_yellow=P3^4;                  /*东西方向黄灯*/
sbit EW_red=P3^3;                     /*东西方向红灯*/
unsigned char data cnt_sn,cnt_ew;
unsigned int data T1_cnt;
unsigned char data state_val_sn,state_val_ew;
char code led_seg_code[10]={0x3f,0x06,0x05b,0x04f,0x66,0x6d,0x7d,0x07,0x7f,0x6f};
char code init_sn[3]={24,4,29};
char code init_ew[3]={29,24,4};
//----------------------
void delay(unsigned int i)            /*延时*/
{  while(--i);  }
//----------------------
void led_show(unsigned int u,unsigned int v)
{ unsigned char i;
  i=u%10;                             /*暂存个位*/
P0=led_seg_code[i];
  P2=0xbf;
  delay(100);                         /*延时*/
  i=u%100/10;                         /*暂存十位*/
  P0=led_seg_code[i];
  P2=0x7f;
  delay(100);                         /*延时*/
  i=v%10;                             /*暂存个位*/
  P0=led_seg_code[i];
  P2=0xfe;
```

```c
        delay(100);                        /*延时*/
        i=v%100/10;                        /*暂存十位*/
        P0=led_seg_code[i];
        P2=0xfd;
        delay(100);                        /*延时*/
    }
//------------------------
    void   TImer1( ) interrupt 3           /*T1中断*/
    { T1_cnt++;
        if(T1_cnt>3999)                    /*如果计数>3999,计时 1s*/
        {   T1_cnt=0;
            if(cnt_sn!=0)                  /*南北方向计时*/
    { cnt_sn--;}
            else
            { state_val_sn++;
                if(state_val_sn>2)state_val_sn=0;
                cnt_sn=init_sn[state_val_sn];
                switch(state_val_sn)       /*根据状态值,刷新各信号灯的状态*/
                    { case 0:SN_green=0;   /*南北方向绿灯*/
                            SN_yellow=1;   /*南北方向黄灯*/
                            SN_red=1;      /*南北方向红灯*/
                            break;
                    case 1:SN_green=1;     /*南北方向绿灯*/
                            SN_yellow=0;   /*南北方向黄灯*/
                        SN_red=1;          /*南北方向红灯*/
                            break;
                    case 2:SN_green=1;     /*南北方向绿灯*/
                            SN_yellow=1;   /*南北方向黄灯*/
                            SN_red=0;      /*南北方向红灯*/
                            break;
                }
        }
            if(cnt_ew!=0)                  /*东西方向计时*/
            { cnt_ew--; }
            else
            { state_val_ew++;
                if(state_val_ew>2)state_val_ew=0;
                cnt_ew=init_ew[state_val_ew];
                switch(state_val_ew)       /*根据状态值,刷新各信号灯的状态*/
                { case 0:EW_green=1;       /*东西方向绿灯*/
                            EW_yellow=1;   /*东西方向黄灯*/
```

```
                        EW_red=0;        /*东西方向红灯*/
                        break;
case 1:EW_green=0;                       /*东西方向绿灯*/
                        EW_yellow=1;     /*东西方向黄灯*/
                        EW_red=1;        /*东西方向红灯*/
                        break;
        case 2:EW_green=1;               /*东西方向绿灯*/
                        EW_yellow=0;     /*东西方向黄灯*/
                        EW_red=1;        /*东西方向红灯*/
                        break;
        }
    }
  }
}
    //------------------------
    main( )
    {                         /*初始化各变量*/
    cnt_sn=init_sn[0];
    cnt_ew=init_ew[0];
    T1_cnt=0;
    state_val_sn=0;           /*启动后,默认工作在序号为1的状态*/
    state_val_ew=0;
    //初始化各灯的状态
    SN_green=0;               /*南北方向绿灯亮*/
    SN_yellow=1;              /*南北方向黄灯灭*/
    SN_red=1;                 /*南北方向红灯灭*/
    EW_green=1;               /*东西方向绿灯灭*/
    EW_yellow=1;              /*东西方向黄灯灭*/
    EW_red=0;                 /*东西方向红灯亮*/
                              /*初始化51的寄存器*/
    TMOD=0x20;                /*用T1计时8位自动装载定时模式*/
    TH1=0x19;                 /*0x4b; //500μs溢出一次;250=(256-x)*12/11.0592→x=230.4*/
    TL1=0x19;
    EA=1;                     /*开中断*/
    ET1=1;
    TR1=1;                    /*开定时器T1*/
    while(1)
    {   led_show(cnt_sn,cnt_ew) ;}}
/*主程序结束*/
```

中断服务程序流程图如图 6-11 所示。

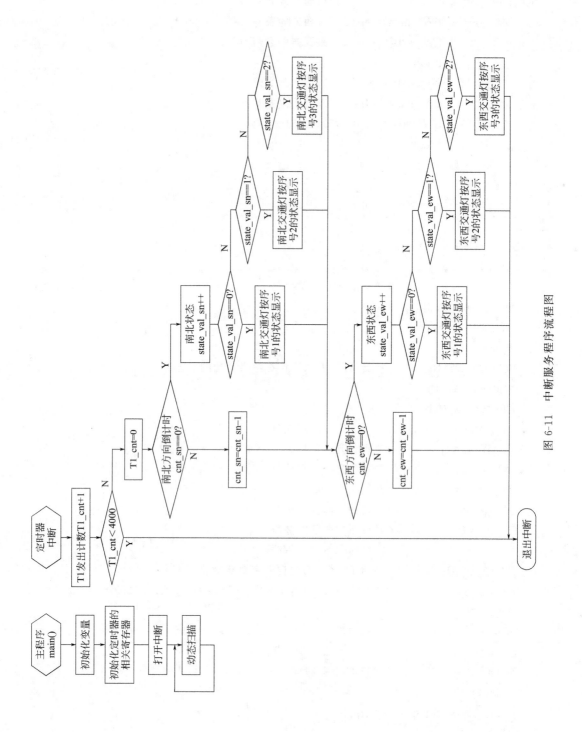

图 6-11 中断服务程序流程图

（4）联机调试

控制程序编译正确后，烧入单片机中进行调试，观察交通灯控制系统的实验现象。

记一记

【知识训练】

1. 选择题

（1）若有定义语句"int a，b；double x；"，则下列选项中没有错误的是（　　）。

A. switch(x%2)
   {
      case 0:a++;break;
      case1:b++;break;
      default:a++;b++;
   }

B. switch((int)x/2.0)
   {
      case 0:a++;break;
      case 1:b++;break;
      default:a++;b++;
   }

C. switch((int)x%2)
   {
      case 0:a++;break;
      case1:b++;break;
      default:a++;b++;
   }

D. switch((int)(x)%2)
   {
      case 0.0:a++;break;
      case1.0:b++;break;
      default:a++;b++;
   }

（2）以下程序输入 3 时，输出结果是（　　）。

```
#include<stdio.h>
void main()
{
    int k;
    scanf("%d",&k);
    switch(k)
    {
        case 1:printf("%d",k++);
        case 2:printf("%d",k++);
        case 3:printf("%d",k++);
```

```
        case4:printf("%d",k++);break;
        default:printf("FULL!");
      }
      printf("\n");
    }
```
   A. 34   B. 33   C. 123   D. FULL!

(3) 运行下面程序时，从键盘输入字母 H，则输出结果是（   ）。
```
#include<stdio.h>
  void main( )
  {
    char ch;
    ch=getchar( );
    switch(ch)
    { case'H':printf("Hello! \n");
      case'G':printf("Good morning! \n");
      default:printf("Bye_Bye! \n");
    }
  }
```
   A. Hello!   B. Hello!   C. Hello!   D. Hello!
                        Good morning!   Good Morning!   Bye _ Bye!
                                           Bye _ Bye!

(4) 假定等级和分数有以下对应关系：
   等级：A   分数：85～100
   等级：B   分数：60～84
   等级：C   分数：60 以下
   对于等级 grade 输出相应的分数区间，能够完成该功能的程序段是_____。
   A．switch(grade)   B．switch(grade)
     {   {
       case'A':printf("85--100\n");   case'A':printf("85--100\n");break;
       case'B':printf("60--84\n");   case'B':printf("60--84\n");
       case'C':printf("60 以下\n");   case'C':printf("60 以下\n");
       default:printf("等级错误! \n");   default:printf("等级错误! \n");
     }   }
   C．switch(grade)   D．switch(grade)
     {   {
       case'A':printf("85--100\n");break;   case'A':printf("85--100\n");break;
       case'B':printf("60--84\n");break;   case'B':printf("60--84\n");break;
       case'C':printf("60 以下\n");   case'C':printf("60 以下\n");break;
       default:printf("等级错误! \n");   default:printf("等级错误! \n");
     }   }

项目七　LCD液晶显示系统的程序设计

【项目描述】

液晶显示器已作为很多智能电子产品和家用电子产品的显示器件,如在智能仪表、计算器、万用表、电子表等电子产品中都可以看到,显示的主要是数字、专用符号和图形。在智能电子产品的人机交互界面中,一般的输出方式有LED、数码管、液晶显示模块等几种。

本项目以具有代表性的常用液晶为例,讲解并行操作方式和串行操作方式。

【项目目标】

① 了解液晶显示器的原理及特点;

② 掌握液晶显示模块和引脚功能;

③ 掌握并行操作方式和串行操作方式;

④ 培养安全意识、质量意识和操作规范等职业素养。

任务 7.1　LCD 广告牌的程序设计

【任务描述】

近年来,市场上使用液晶显示器越来越多,下面我们使用单片机来控制 LCD1602 液晶显示器显示:

I LOVE MCU!

I LOVE CHINA!

【相关知识】

7.1.1　液晶显示器的原理及特点

(1) 液晶显示器的原理

液晶显示器的原理与观看的立体电影有相似之处。当观看立体电影时,需要佩戴具有偏振功能的眼镜,眼镜的左右眼分别贴有两片偏振片,其偏振角度相差 90°,这样在观看电影时左右眼就能分别看到由两台投影机投射的图像。液晶显示器也是利用光的偏振原理显示信息的,在两个偏光板之间注入液态晶体并安放电极,就构成了最基本的液晶显示器。其结构如图 7-1 所示。

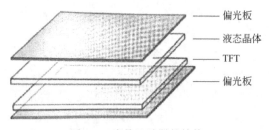

图 7-1 液晶显示器的结构

图 7-1 中上下两个偏光板的偏振角相差 90°，置于其间的液晶分子可以被光穿透，并能影响光的偏振性。当液晶分子没有施加电压时，光线不能通过两块偏光板，而在液晶分子施加电压后晶体的排列会发生翻转，将光线的偏振角度扭转 90°，光线就可以从两块偏光板间通过，这样信息就会显示出来。

（2）液晶显示器的特点

① 显示质量高。由于液晶显示器的每一个点在收到信号后，就一直保持那种色彩和亮度，恒定发光，显示的画质高且不会闪烁。

② 数字式接口。液晶显示器都是数字式的，和单片机的接口更加简单可靠，操作更加方便。

③ 体积小、重量轻。液晶显示器是通过显示屏上的电极来控制液晶分子状态，达到显示的目的，在重量上比相同显示面积的传统显示器要轻得多。

④ 功耗低。相对而言，液晶显示器的功耗主要消耗在其内部的电极和驱动 IC 上，因而耗电量比其他显示器要少得多。

LCD1602 液晶显示器是字符型液晶显示器，它因为能显示 2 排、每排 16 个西文字符而得名，是目前应用最为广泛的模块化液晶显示产品。LCD1602 液晶显示器最初采用的控制芯片是 HD44780，之后各厂家生产的 LCD1602 液晶显示模块基本上也都采用了与 HD44780 兼容的控制 IC，所以市场上出售的 LCD1602 液晶显示器的结构和功能基本相同，驱动程序也互相兼容，不同品牌和型号的 LCD1602 液晶显示器只是在供电电压、字符颜色和背光等辅助功能上有些区别。

7.1.2 LCD1602 液晶显示模块和引脚功能

（1）LCD1602 液晶显示模块

LCD1602 液晶显示模块是一个字符型液晶显示模块，能够同时显示 16×2（16 列×2 行）个字符，即可以显示 2 行，每行 16 个字符，共显示 32 个字符。

LCD1602 是一种专门用来显示字母、数字、符号等的点阵型液晶模块。它由若干个 5×7 或者 5×11 的点阵字符位组成，每个点阵字符位都可以显示一个字符，每位之间有一个点距的间隔，每行之间也有间隔，起到了字符间距和行间距的作用。LCD1602 液晶显示模块实物如图 7-2 所示。

LCD1602 液晶显示模块分为带背光和不带背光两种，控制驱动主电路为 HD44780，带背光的比不带背光的厚，是否带背光在应用中并无差别。其主要技术参数如下所述。

① 显示容量：16×2 个字符。

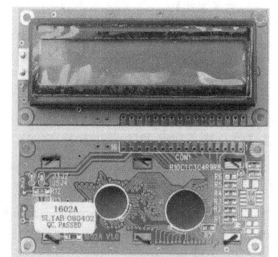

图 7-2 LCD1602 液晶显示模块

② 芯片工作电压：4.5～5.5V。
③ 工作电流：2.0mA（5.0V）。
④ 模块最佳工作电压：5.0V。
⑤ 字符尺寸：2.95mm×4.35mm（$W \times H$）。

目前，市面上字符型液晶显示器大多数是基于 HD44780 液晶芯片的，控制原理也完全相同，因此，基于 HD44780 写的控制程序可以很方便地应用于市面上大部分字符型液晶显示器。

（2）LCD1602 液晶显示模块的引脚功能

LCD1602 液晶显示模块总计有 16 个引脚，其引脚接口说明见表 7-1。

表 7-1 LCD1602 液晶显示模块引脚接口说明

编号	符号	引脚说明	编号	符合	引脚说明
1	VSS	电源地	9	D2	数据口
2	VDD	电源正极	10	D3	数据口
3	VEE	液晶显示对比度调节端	11	D4	数据口
4	RS	数据/指令选择端(H/L)	12	D5	数据口
5	RW	读/写选择端(H/L)	13	D6	数据口
6	E	使能信号	14	D7	数据口
7	D0	数据口	15	BLA	背光电源正极
8	D1	数据口	16	BLK	背光电源负极

LCD1602 液晶显示模块的主要引脚功能如下。

① VEE 为液晶显示器对比度调整端。VEE 接正电源时对比度最弱，接地时对比度最高。对比度过高时会产生"鬼影"，可以通过一个 10kΩ 的电位器来调整对比度。

② RS 为寄存器选择。RS 为高电平"1"（RS=1）时选择数据寄存器，为低电平"0"（RS=0）时选择指令寄存器。

③ RW 为读写信号线。RW 为高电平"1"时（RW=1）进行读操作，为低电平"0"（RW=0）时进行写操作。

④ E（或 EN）端为使能端。当 E 端由高电平跳变成低电平时，液晶模块执行命令。

⑤ D0～D7 为 8 位双向数据线，其中 D7 还作为 LCD1602 液晶显示模块的 BF 标志位。

LCD1602 液晶显示模块与 8051 系列单片机的接口电路如图 7-3 所示。单片机通过一组 I/O 口与 LCD1602 液晶显示模块的数据端 D0～D7 端相连，另外三个 I/O 口分别与 LCD1602 液晶的 RS、RW 和 E 端相连。VEE 端为液晶显示模块偏压信号输入端，通过一个 10kΩ 电位器调整电压以改变液晶屏的对比度，BLA、BLK 是液晶屏的背光电源端。

（3）LCD1602 液晶显示器的基本操作时序

读状态　输入：RS=L，RW=H，E=H。输出：D0～D7=状态字。
读数据　输入：RS=H，RW=H，E=H。输出：无。
写指令　输入：RS=L，RW=L，D0～D7=指令码，E=高脉冲。输出：D0～D7=数据。
写数据　输入：RS=H，RW=L，D0～D7=数据，E=高脉冲。输出：无。

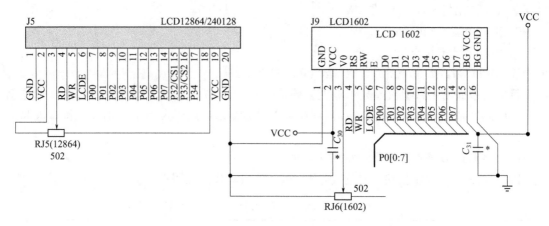

图 7-3　接口电路

(4) LCD1602 液晶显示器的显示 RAM

LCD1602 液晶显示模块内部带了 80 个字节的显示 RAM，用来存储发送的数据，其结构如图 7-4 所示。LCD1602 液晶显示器的显示数据 RAM 称为 DDRAM，分为两行且地址是不连续的。

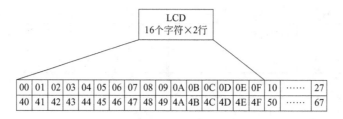

图 7-4　DDRAM 地址和显示的对应关系

第一行的地址是 0x00～0x27，第二行的地址是 0x40～0x67。其中，第一行 0x00～0x0F 是与液晶上第一行 16 个字符显示位置相对应的；第二行 0x40～0x4F 是与第二行 16 个字符显示位置相对应的。每行都多出来一部分，是为了显示移动字幕设置的。LCD1602 液晶显示器是显示字符的，因此它与 ASCII 字符表是对应的。比如我们给 0x00 地址写一个 "a"，也就是十进制的 97，液晶的最左上方的那个小块就会显示一个字母 a。

(5) 状态字说明

状态字说明见表 7-2。

表 7-2　状态字说明

STA7	STA6	STA5	STA4	STA3	STA2	STA1	STA0
D7	D6	D5	D4	D3	D2	D1	D0
STA0～STA6			当前地址指针的数值				
STA7			读/写操作使能		1—禁止；0—允许		

注意：原则上每次对控制器进行读/写操作之前，都必须进行读/写检测，确保 STA7 为 0。实际上，由于单片机的操作速度慢于液晶控制器的反应速度，因此可以不进行读/写检测，或只进行简短延时即可。

（6）数据指针设置

控制器内部设有一个数据指针，用户可以通过它访问内部的全部 80B 的 RAM，见表 7-3。

表 7-3 数据指针设置

指令码	功能
80H＋地址码（0～27H,40～67H）	设置数据指针地址

（7）LCD1602 液晶显示模块的字符发生器

LCD1602 液晶显示模块的控制器内部有两种类型的字符发生器，一种是 CGROM，其内部已经固化有字模库；另一种是 CGRAM，用于保存用户自定义的图形。

① CGROM。CGROM 中内置了 192 个常用字符的字模，包含阿拉伯数字、英文字母的大小写、常用的符号和日文假名等，每一个字符都有一个固定的代码。CGROM 和 CGRAM 中字符代码和字符图形对应关系见表 7-4。

表 7-4 CGROM 和 CGRAM 中字符代码和字符图形对应关系

低位＼高位	0000	0010	0011	0100	0101	0110	0111	1010	1011	1100	1101	1110	1111
××××0000	CGRAM(1)		0	ə	P	\	p		―	タ	三	α	P
××××0001	(2)	！	1	A	Q	a	q	。	ア	チ	ム	ä	q
××××0010	(3)	"	2	B	R	b	r	「	イ	ツ	メ	β	θ
××××0011	(4)	♯	3	C	S	c	s	」	ウ	テ	モ	ε	∞
××××0100	(5)	$	4	D	T	d	t	、	エ	ト	セ	μ	Ω
××××0101	(6)	％	5	E	U	e	u	・	オ	ナ	ユ	B	0
××××0110	(7)	＆	6	F	V	f	v	ヲ	カ	ニ	ヨ	ρ	Σ
××××0111	(8)	＞	7	G	W	g	w	ア	キ	ヌ	ラ	g	x
××××1000	(1)	(	8	H	X	h	x	イ	ク	ネ	リ	√	X̄
××××1001	(2)	)	9	I	Y	i	y	ウ	グ	J	ル	-1	y
××××1010	(3)	＊	:	J	Z	j	z	エ	コ	リ	レ	j	千
××××1011	(4)	＋	;	K	[	k	{	オ	サ	ヒ	ロ	x	万
××××1100	(5)	フ	＜	L	¥	l	|	セ	シ	フ	ワ	¢	A
××××1101	(6)	―	＝	M	]	m	}	ユ	ス	ヘ	ソ	も	÷
××××1110	(7)	。	＞	N	^	n	▶	ヨ	セ	ホ	ハ	n̄	
××××1111	(8)	／	?	O	―	o	←	ツ	ソ	マ	ロ	ö	

表格的第一行列出了字符代码的高四位，第一列列出了字符代码的低四位，二者组合在一起就是一个完整的字符代码，用于对该字符的寻址。

从表中可以看出，大写的英文字母"A"的代码高四位是"0100"，低四位是"0001"，组合在一起则是 0100001B，即十六进制的 41H。如果要在屏幕上显示字母"A"时，只需把"A"的字符代码 41H 发送至 LCD 液晶显示模块，模块会自动把地址 41H 中的字符点阵数据取出并在屏幕上显示出来。

② CGRAM。LCD1602液晶显示模块提供了64B的CGRAM，用于保存自定义的点阵图形，存储地址为00H～3FH。CGRAM 64B的存储空间每8个为一组，总计可以存储8个5×8点阵的自定义图形。LCD1602液晶显示模块每行仅使用5位数据作为字符点阵，所以作为CGRAM字模库仅使用存储单元字节的低5位，而高3位虽然存在但并不作为字模数据使用。

在LCD1602液晶显示模块的字符发生器列表中，CGRAM与CGROM统一编址，字符代码00H～07H就是用户自定义的这8组字模库的访问代码。另外，8个字符访问代码08H～0FH没有使用。自定义字符代码和CGRAM存储地址的对应关系见表7-5。

表7-5 自定义字符代码和CGRAM存储地址的对应关系

字符代码	CGRAM 地址	字符代码	CGRAM 地址	字符代码	CGRAM 地址
00H	00H～07H	03H	18H～1FH	06H	30H～37H
01H	08H～0FH	04H	20H～27H	07H	38H～3FH
02H	10H～17H	05H	28H～2FH		

（8）LCD1602液晶显示模块的操作指令

对LCD1602液晶显示模块的操作是通过一系列的指令来完成的，这些指令主要有以下9个。

① 读取状态指令：该指令也称为检测忙信号指令，使用此指令可以读回LCD1602液晶显示模块自身的状态。

BF	AC6	AC5	AC4	AC3	AC2	AC1	AC0
BF	AC6	AC5	AC4	AC3	AC2	AC1	AC0
bit7							bit0

- BF：读/写允许位。置1时表示液晶显示器忙，暂时无法接收单片机送来的数据或指令；清0时表示液晶显示器可以接收单片机发送来的数据或指令。
- AC6～AC0：读取地址指针计数器AC的内容。

② 工作方式设置指令：该指令用于设定液晶显示模块的工作状态。

0	0	1	DL	N	F	0	0
bit7							bit0

- DL：设置液晶显示模块与MCU的接口形式。该位置1时设定数据总线宽度为8位，即D7～D0有效；该位清0时数据总线宽度为4位，即D7～D4有效。
- N：设置显示字符的行数。该位置1时为2行字符，清0时为1行字符。
- F：设置显示字符的字体。该位置1时为5×11点阵字符体，清0时为5×7点阵字符体。

③ 显示状态设置指令：该指令控制着画面、光标和闪烁的开与关。

0	0	0	0	1	D	C	B
bit7							bit0

- D：画面显示状态位。该位置1时显示功能开启，清0时显示功能关闭。该指令仅影响显示屏的开关，并不影响显存中的数据。
- C：光标显示状态位。该位置1时显示光标，清0时不显示光标。
- B：闪烁显示状态位。该位置1时光标闪烁，清0时光标不闪烁。

④ 输入方式设置指令：该指令用于设定每次输入1位数据后光标的移位方向，并且设定每次写入的1个字符是否移动。

0	0	0	0	0	0	1	I/D	S
bit7								bit0

- I/D：光标移动设定位。该位置1时写入新数据后光标右移，清0时写入新数据后光标左移。
- S：字符移动设定位。该位置1时写入新数据后显示屏整体右移1个字符，清0时写入新数据后显示屏不移动。

⑤ 清屏指令：该指令用于清除液晶显示模块屏幕信息。

0	0	0	0	0	0	0	0	1
bit7								bit0

该指令的功能为清除屏幕信息，即将DDRAM的内容全部填入"空白"的ASCII码20H，将光标置为液晶显示屏的左上方，并将地址指针计数器AC的值清0。

⑥ 光标归位指令：将光标置于显示屏左上方（A0～A6是AC的位）。

0	0	0	0	0	0	0	1	0
bit7								bit0

该指令用于把光标移至显示屏的左上方，把地址指针计数器AC的值清0并保持DDRAM的内容不变。

⑦ DDRAM地址设置指令：该指令用于设置DDRAM的访问地址。

1	A6	A5	A4	A3	A2	A1	A0
bit7							bit0

该指令将7位的DDRAM地址写入地址指针计数器AC中，随后的读或写操作则是针对DDRAM中上述地址的读或写操作。

⑧ 光标或画面滚动设置指令：该指令设置光标和画面的特性。

0	0	0	0	1	S/C	R/L	0	0
bit7								bit0

- S/C：滚动对象的选择位。该位置1时画面滚动，清0时光标滚动。
- R/L：滚动方向的选择位。该位置1时向右滚动，清0时向左滚动。

画面滚动是将DDRAM每一行40个显示单元的第一个单元和最后一个单元连接起来，形成闭环式的滚动，其效果是将屏幕上2行显示内容同时向左或向右移动。光标滚动则是在整个DDRAM范围内，将地址指针计数器AC的值加1或减1，其效果是最初写入的字符不动,后续字符依次向左或向右写入。本条指令在执行后画面即开始变化,每执行一次画面就变化一次。

⑨ CGRAM 地址设置指令:该指令用于设置 CGRAM 的访问地址(A0~A5 是 AC 的位)。

0	1	A5	A4	A3	A2	A1	A0
bit7							bit0

该指令用于将 6 位的 CGRAM 地址写入地址指针计数器 AC 内,随后的读或写操作则是针对 CGRAM 的读或写操作。

LCD1602 液晶显示模块的初始化,主要是完成对其基本功能的设置。为了简化操作,在实际使用时往往只向 LCD1602 液晶显示模块中写入命令或数据,而不检测忙信号,对 LCD1602 液晶显示模块的初始化操作可以参考以下步骤:

写入指令 0x38,将 LCD1602 液晶显示模块设置为 8 位数据线、2 行字符显示、5×7 点阵。

写入指令 0x0F,将 LCD1602 液晶显示模块设置为显示功能开、有光标且光标闪烁。

写入指令 0x06,将 LCD1602 液晶显示模块设置为写入新数据后光标右移、显示屏不移动。

写入指令 0x01,清除液晶屏幕信息,将光标撤回液晶显示屏的左上方并且将地址指针计数器 AC 的值清零。

这里需要说明的是:前三条指令的执行速度都很快,大约在 40μs 的时间内就可以完成,只有最后一条清屏指令用时较长,大约需要 1.64ms 的时间,因此在使用这条指令时,要考虑加入适当的延时。

7.1.3 LCD1602 液晶显示器的编程应用

在 Proteus 中绘制好液晶显示器的电路图,可参考图 6-4 所示的连接方法,在实验箱连接时,要根据实验箱的实际电路进行连接,重点要明白电源线、控制线、数据线的连接。

【例 7.1】通用字符显示。将 CGROM 中内置的 192 个常用字符显示出来,并按照预先设计的方式产生移动等特殊效果,具体程序如下:

```
//程序清单
#include<reg51.h>                              /*增强型 8051 单片机头文件*/
sbit lcden=P3^2;                               /*定义 LCD1602 液晶显示器使能端*/
sbit lcdrs=P3^0;                               /*定义 LCD1602 液晶显示器数据命令选择端*/
sbit lcdrw=P3^1;                               /*定义 LCD1602 液晶显示器读写选择端*/
void delay_ms(unsigned int t);                 /*延时函数声明*/
void lcd_write_com(unsigned char com);         /*写命令函数声明*/
void lcd_write_dat(unsigned char dat);         /*写数据函数声明*/
void init_1602lcd(void);                       /*LCD1602 液晶显示器初始化函数声明*/
unsigned char code lcd1[]="Jiuquanzhiyejishuxueyuan20190408";    /*定义显示数组 1*/
unsigned char code lcd2[]="Jidiangongchengxueyuan2018dianqi1";   /*定义显示数组 2*/
```

/***************
主函数
***************/
```c
void main( )
{
    unsigned char x,y;                  /*定义循环变量LCD*/
    init_1602lcd( );                    /*初始化LCD1602液晶显示器*/
    lcd_write_com(0x80+0x00);           /*从DDRAM显存00H地址处写入*/
    for(x= 0;x<36;x++)
            {
                lcd-write_dat(lcd1[x]); /*显示数组lcd1的字符*/
            }
    delay_ms(5);
    lcd_write_com(0x80+0x40);           /*从DDRAM显存40H地址处写入*/
    for(y=0;y<36;y++)
            {
                lcd_write_dat(lcd2[y]); /*显示数组lcd2的字符*/
            }
    while(1)
      {
         lcd_write_com(0x18);           /*产生画面滚动效果*/
         delay_ms(500);
      }
}
```
/***************
延时函数
***************/
```c
void delay_ms(unsigned int t)
{
    unsigned int x,y;
    for(x=t;x>0;x--)
        for(y=110;y>0;y--);
}
```
/***************
写命令函数
***************/
```c
void lcd_write_com(unsigned char com)
{
    lcdrs=0;            /*数据命令的选择端置低(写命令)*/
    P2=com;             /*将输入的命令赋值给P0口*/
    delay_ms(2);        /*延时*/
```

```
        lcden=1;                        /*将使能端 lcden 拉高*/
        delay_ms(2);                    /*延时*/
        lcden=0;                        /*将 lcden 拉低,数据写入 LCD1602 液晶显示器中*/
    }
    /***************
    写数据函数
    ***************/
    void lcd_write_dat(unsigned char dat)
    {
        lcdrs=1;                        /*数据命令的选择端拉高(写数据)*/
        P2=dat;                         /*将输入的数据赋值给 P0 口*/
        delay_ms(2);                    /*延时*/
        lcden=1;                        /*将使能端 lcden 拉高*/
        delay_ms(2);                    /*延时*/
        lcden=0;                        /*将 lcden 拉低,数据写入 LCD1602 液晶中*/
    }
    /***************
    1602 液晶初始化函数
    ***************/
    void init_1602lcd()
    {
        lcden=0;
        lcdrs=0;
        lcdrw=0;
        lcd_write_com(0x38);            /*写指令 38H(8 位数据线,2 行字符,5×7 点阵)*/
        lcd_write_com(0x0f);            /*写指令 0FH(显示功能开,有光标,光标不闪烁)*/
        lcd_write_com(0x06);            /*写指令 06H(写入新数据光标右移,显示屏不移动)*/
        lcd_write_com(0x01);            /*写指令 01H(清屏)*/
        delay_ms(5);                    /*延时(清屏需要时间至少 1.64ms)*/
    }
    /***************
    结束
    ***************/
```

程序运行后液晶屏上会有 2 行文字显示,显示的内容会以半秒钟的时间间隔向屏幕的左侧移动,具体状态如图 7-5 所示。如果此时液晶屏显示模糊,可以用调整 RP1 的电位器,直至液晶屏显示清晰为止。

【例 7.2】 自定义字符显示。在 LCD1602 液晶显示器上显示一个心形自定义字符,在初始化 LCD1602 液晶显示器时关闭闪烁的光标。

① 定义心形字模 CGRAM 可以存储用户自定义的字符信息,它本身是一个动态存储器,存入其中的字符在液晶屏掉电后会消失,所以程序在每次执行时需要先将字模数据调入,再通过固定的代码调用并显示出来。例如,要自定义一个心形字模,存储在 0x00~0x07

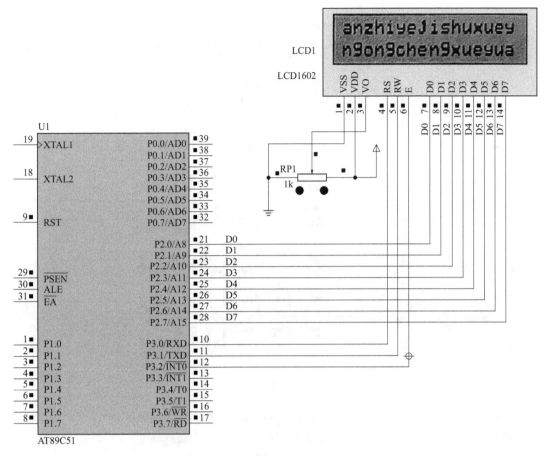

图 7-5 LCD1602 液晶显示器通用字符显示

这组 CGRAM 里面，需要准备的数据如图 7-6 所示。

在向 CGRAM 中写入字模数据时，需要使用 CGRAM 地址设置指令，该指令的高 2 位已固定为 "01"，只有后面的 6 位是地址数据。这样一个自定义字符的字模地址就表示为 "01000000～01000111" 8 个，使用时先用地址设置指令将 CGRAM 地址写入地址指针计数器 AC 内，随后再用写数据指令将字模数据依次写入这 8 个存储单元中，即可将心形字模保存至 CGRAM。

② 调用自定义字模 自定义字模调用时只需将与其地址对应的字符代码写入 DDRAM 中，即可在液晶屏上显示出该字符。CGRAM 中的 8 个自定义字符代码如图 7-7 所示。

地址	数据	图示
00000000	00000000	○○○○○
00000001	00001010	○■○■○
00000010	00010101	■○■○■
00000011	00010001	■○○○■
00000100	00001001	■○○○■
00000101	00001010	○■○■○
00000110	00000100	○○■○○
00000111	00000000	○○○○○

图 7-6 心形字模

以下程序代码用于在 LCD1602 液晶显示器上显示一个心形自定义字符，在初始化 LCD1602 液晶显示器时关闭闪烁的光标，具体程序代码如下：

```
/*驱动 LCD1602 液晶显示器代码清单*/
#include<reg51.h>          /*增强型 8051 单片机头文件*/
sbit lcden=P3^2;           /*定义 LCD1602 液晶显示器使能端*/
```

低位＼高位	0000	0001	0010	0011	0100	0101	0110	0111	1000
xxxx0000	CGRAM(1)			0	@	P	`	p	
xxxx0001	(2)		!	1	A	Q	a	q	
xxxx0010	(3)		"	2	B	R	b	r	
xxxx0011	(4)		#	3	C	S	c	s	
xxxx0100	(5)		$	4	D	T	d	t	
xxxx0101	(6)		%	5	E	U	e	u	
xxxx0110	(7)		&	6	F	V	f	v	
xxxx0111	(8)		'	7	G	W	g	w	

图 7-7　CGRAM 字符代码

```
sbit lcdrs=P3^0;            /*定义 LCD1602 液晶显示器数据命令选择端*/
sbit lcdrw=P3^1;            /*定义 LCD1602 液晶显示器读写选择端*/
void delay_ms(unsigned int t);          /*延时函数声明*/
void lcd_write_com(unsigned char com);  /*写命令函数声明*/
void lcd_write_dat(unsigned char dat);  /*写数据函数声明*/
void init_1602lcd(void);                /*LCD1602 液晶显示器初始化函数声明*/
unsigned char code CGRAM_ADD[]={0x00,0x01,0x02,0x03,0x04,0x05,0x06,0x07};
                            /*定义存放 CGRAM 字模存储地址的数组*/
unsigned char code CGRAM_DAT[]={0x00,0x0a,0x15,0X11,0x11,0x0a,0x04,0x00};
                            /*定义存放心形字模数据的数组*/
/***************
主函数
***************/
void main( )
{
    unsigned char x;                    /*定义一个循环变量 x*/
    init_16021ld( );                    /*液晶初始化*/
    for(x=0;x<8;x++)
    {
        lcd_write_com(0x40+ CGRAM_ADD[x]);  /*将地址指针计数器 AC 指向 CGRAM 的第 x 个目标地址*/
```

```c
        lcd_write_dat(CGRAM_DAT[x]);         /*向该目标地址中写入第 x 个字模数据*/
    }
    lcd_write_com(0x80+0x100);               /*DDRAM 显存地址设置指令(在 00H 地址处写入)*/
    lcd_write_dat(0x00);                     /*将代码为 0x00 的自定义字符显示出来*/
    while(1);                                /*让程序在此停留*/
}
/***************
延时函数
***************/
void delay_ms(unsigned int t)
{
    unsigned int x,y;
    for(x=t;x>0;x--)
        for(y=110;y>0;y--);
}
/***************
写命令函数
***************/
void lcd_write_com(unsigned char com)
{
    lcdrs=0;              /*数据命令的选择端置低(写命令)*/
    P2=com;               /*将输入的命令赋值给 P0 口*/
    delay_ms(2);          /*延时*/
    lcden=1;              /*将使能端 lcden 拉高*/
    delay_ms(2);          /*延时*/
    lcden=0;              /*将 lcden 拉低,数据写入 LCD1602 液晶显示器中*/
}
/***************
写数据函数
***************/
void lcd_write_dat(unsigned char dat)
{
    lcdrs=1;              /*数据命令的选择端拉高(写数据)*/
    P2=dat;               /*将输入的数据赋值给 P0 口*/
    delay_ms(2);          /*延时*/
    lcden=1;              /*将使能端 lcden 拉高*/
    delay_ms(2);          /*延时*/
    lcden=0;              /*将 lcden 拉低,数据写入 LCD1602 液晶显示器中*/
}
/***************
LCD1602 液晶初始化函数
```

***************/
void init_1602lcd( )
{
lcden=0;
lcdrs=0;
lcdrw=0;
lcd_write_com(0x38);   /*写指令 38H(8位数据线,2行字符,5×7点阵)*/
lcd_write_com(0x0C);   /*写指令 0CH(显示功能开,无光标,光标不闪烁)*/
lcd_write_com(0x06);   /*写指令 06H(写入新数据光标右移,显示屏不移动)*/
lcd_write_com(0x01);   /*写指令 01H(清屏)*/
delay_ms(5);   /*延时(清屏需要时间至少 1.64ms)*/
}
/***************
结束
*************** /

以上程序执行后，一个心形字符会在 LCD1602 液晶显示屏的第一行第一个字符的位置上显示出来，具体状态如图 7-8 所示。

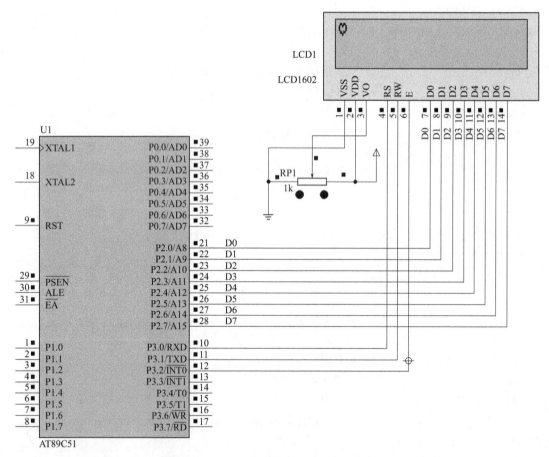

图 7-8 LCD1602 液晶显示器自定义字符显示

【任务实施】

(1) 控制要点分析

在 LCD1602 液晶显示器上显示：

I LOVE MCU！

I LOVE CHINA！

(2) 硬件电路图

结合控制要求，所设计的 LCD1602 液晶显示器硬件电路如图 5-3 所示。

(3) 控制程序设计

结合控制要求，所设计的 LCD1602 液晶显示器的控制程序如下：

```c
#include<reg51.h>
#define uchar unsigned char
#define uint unsigned int
uchar code table[]="I LOVE MCU!";
uchar code table1[]="I LOVE CHINA!";
sbit lcden=P3^4;
sbit lcdrs=P3^5;
sbit dula=P2^6;
sbit wela=P2^7;
uchar num;
void delay(uint z)
{
    uint x,y;
    for(x=z;x>0;x--)
        for(y=110;y>0;y--);
}
void write_com(uchar com)
{
    lcdrs=0;
    P0=com;
    delay(5);
    lcden=1;
    delay(5);
    lcden=0;
}

void write_data(uchar date)
{
    lcdrs=1;
    P0=date;
    delay(5);
    lcden=1;
```

```
        delay(5);
        lcden=0;
}
void init()
{
        dula=0;
        wela=0;
        lcden=0;
        write_com(0x38);
        write_com(0x0e);
        write_com(0x06);
        write_com(0x01);
        write_com(0x80+ 0x10);
}
void main()
{
        init();
        for(num=0;num<11;num++)
        {
            write_data(table[num]);
            delay(20);
        }
    write_com(1);
    write_com(0x80+ 0x53);
    for(num=0;num<13;num++)
{
        write_data(table1[num]);
        delay(20);
}
for(num=0;num<16;num++)
{
        write_com(0x18);
        delay(20);
}
    while(1);
}
```

（4）联机调试

控制程序编译正确后，烧入单片机中进行调试，观察 LCD1602 液晶显示器的实验现象。

记一记

【知识训练】

1. 多项选择题

（1）对于LCD1602以下说法正确的有（　　）。

    A. 可以显示32个字符

    B. 不可以显示"@"符号

    C. 每一个点阵位都可以显示一个字符

    D. 单片机与字符型LCD显示模块的数据传输形式可分为8位和4位两种

（2）以下对于LCD1602说法正确的有（　　）。

    A. RS是数据和指令选择控制端，RS=0：命令/状态；RS=1：数据

    B. RW是读写控制线，RW=0：写操作；RW=1：读操作

    C. E是数据读写操作控制位，E线向LCD模块发送一个脉冲，LCD模块与单片机之间将进行一次数据交换

    D. RW读写控制线，RW=1：写操作；RW=0：读操作

（3）液晶显示器的特点有（　　）。

    A. 低压微功耗　　B. 平板型结构　　C. 显示信息量大　　D. 被动显示

    E. 易于彩色化　　F. 没有电磁辐射　　G. 寿命长

2. 判断题

（1）00001DCB：设置整体显示开关D、光标开关C、光标位的字符闪烁B。D=1：开显示；C=0：不显示光标；B=0：光标位的字符不闪烁。例：00001100（0CH）打开LCD显示，光标不显示，光标位字符不闪烁。（　　）

（2）LCD1602液晶显示器提供了32字节的CGRAM，存储地址为00H～1FH。（　　）

（3）在LCD1602液晶模块的标准字库表中，有可显示的中文字符。（　　）

3. 填空题

（1）LCD1602是_____型液晶显示模块，在其显示字符时，只需将待显示字符的_____由单片机写入LCD1602的DDRAM，内部控制电路就可将字符在LCD上显示出来。

（2）LCD1602显示模块内除有_____字节的_____RAM外，还有_____字节的自定义_____，用户可自行定义_____个5×7点阵字符。

（3）单片机对LCD模块有四种基本操作：写命令、写数据、_____和_____。

4. 简答题

（1）如何实现 LCD1602 液晶屏显示？它与单片机如何连接？请举例说明。

（2）字符型 LCD1602 主要应用于什么场合？

（3）LCD1602 的初始化流程是什么？

附　录

附录A　C51关键字

C语言的关键字共有32个，根据关键字的作用，可分其为数据类型关键字、控制语句关键字、存储类型关键字和其他关键字四类。

类型	关键词	含义与用法
数据类型	char	字符型变量或函数
	double	双精度变量或函数
	enum	枚举类型
	float	浮点型变量或函数
	int	整型变量或函数
	long	长整型变量或函数
	short	短整型变量或函数
	signed	有符号类型变量或函数
	struct	结构体变量或函数
	union	联合数据类型
	unsigned	无符号类型变量或函数
	void	函数无返回值或无参数
控制语句	for	一种循环语句
	do	循环语句的循环体
	while	循环语句的循环条件
	break	跳出当前循环
	continue	结束当前循环,开始下一轮循环
	if	条件语句
	else	条件语句否定分支(与if连用)
	goto	无条件跳转语句

续表

类型	关键词	含义与用法
控制语句	switch	用于开关语句
	case	开关语句分支
	default	开关语句中的"其他"分支
	return	子程序返回语句（可以带参数，也可不带参数）
存储类型	auto	自动变量
	extern	声明变量是在其他文件正声明（也可以看作是引用变量）
	register	寄存器变量
	static	静态变量
其他类型	const	声明只读变量
	sizeof	计算数据类型长度
	typedef	用以给数据类型取别名
	volatile	说明某变量是可以被改变的

附录 B ASCII 码表

十进制	缩写/字符	解释	十进制	缩写/字符	解释
0	NUL	空字符	18	DC2	设备控制 2
1	SOH	标题开始	19	DC3	设备控制 3
2	STX	正文开始	20	DC4	设备控制 4
3	ETX	正文结束	21	NAK	拒绝接收
4	EOT	传输结束	22	SYN	同步充闲
5	ENQ	请求	23	ETB	传输块结束
6	ACK	收到通知	24	CAN	取消
7	BEL	响铃	25	EM	介质中断
8	BS	退格	26	SUB	替补
9	HT	水平制表符	27	ESC	溢出
10	LF	换行键	28	FS	文件分割符
11	VT	垂直制表符	29	GS	分组符
12	FF	换页键	30	RS	记录分离符
13	CR	回车键	31	US	单元分隔符
14	SO	不用切换	32	(space)	空格
15	SI	启用切换	33	!	—
16	DLE	数据链路转义	34	"	—
17	DCI	设备控制 1	35	#	—

续表

十进制	缩写/字符	解释	十进制	缩写/字符	解释
36	$	—	71	G	—
37	%	—	72	H	—
38	&	—	73	I	—
39	'	—	74	J	—
40	(	—	75	K	—
41	)	—	76	L	—
42	*	—	77	M	—
43	+	—	78	N	—
44	,	—	79	O	—
45	-	—	80	P	—
46	.	—	81	Q	—
47	/	—	82	R	—
48	0	—	83	S	—
49	1	—	84	T	—
50	2	—	85	U	—
51	3	—	86	V	—
52	4	—	87	W	—
53	5	—	88	X	—
54	6	—	89	Y	—
55	7	—	90	Z	—
56	8	—	91	[	—
57	9	—	92	\	—
58	:	—	93	]	—
59	;	—	94	^	—
60	<	—	95	_	—
61	=	—	96	`	—
62	>	—	97	a	—
63	?	—	98	b	—
64	@	—	99	c	—
65	A	—	100	d	—
66	B	—	101	e	—
67	C	—	102	f	—
68	D	—	103	g	—
69	E	—	104	h	—
70	F	—	105	i	—

续表

十进制	缩写/字符	解释	十进制	缩写/字符	解释
106	j	—	117	u	—
107	k	—	118	v	—
108	l	—	119	w	—
109	m	—	120	x	—
110	n	—	121	y	—
111	o	—	122	z	—
112	p	—	123	{	—
113	q	—	124	|	—
114	r	—	125	}	—
115	s	—	126	~	—
116	t	—	127	DEL(delete)	删除

参 考 文 献

[1] 郭天祥. 51单片机C语言教程：入门、提高、开发、拓展全攻略. 北京：电子工业出版社，2009.
[2] 杨打生，宋伟. 单片机C51技术应用. 北京：北京理工大学出版社，2011.
[3] 阚永彪，张洋. 单片机原理与应用：基于C语言. 成都：西南交通大学出版社，2019.
[4] 郭志勇. 单片机应用技术项目教程. 北京：人民邮电出版社，2019.
[5] 张毅刚. 单片机原理及接口技术. 北京：人民邮电出版社. 2020.
[6] 谭浩强. C语言程序设计. 4版. 北京：清华大学出版社，2010.
[7] 程立倩. C语言程序设计案例教程. 北京：北京邮电大学出版社，2015.